农业害鼠防治技术

NONGYE HAISHU
FANGZHI JISHU

杨再学　谈孝凤　主编

中国农业出版社
农村设备出版社
北　京

内容提要

本书由贵州省农田鼠害研究协作组主持人、余庆县植保植检站站长杨再学研究员，贵州省植保植检站测报防治科科长谈孝凤研究员主编。本书共六章，内容包括：鼠类的危害、主要农业害鼠种类概述、农业害鼠防治对策、农业害鼠综合防治方法、毒饵站灭鼠技术、TBS灭鼠技术，特别是选择具有普遍性、科学性和实用性的害鼠绿色防控技术进行了详细的介绍，不仅适用于贵州省农业害鼠防治，也适用于全国各地开展灭鼠工作。本书附有图片150余幅，内容丰富、通俗易懂、图文并茂、技术实用、方法具体、可操作性强。既可供各级农业技术推广人员、广大人民群众灭鼠时学习使用，也可作为开展农村灭鼠培训的培训材料和宣传手册，特别适用于各地举办鼠害防治农民田间学校时使用。

编辑委员会

前言
FOREWORD

鼠害是人类面临的一个重大问题，是当前世界性灾害，也是制约农业发展的重要生物灾害之一，控制鼠害已成为当前亟待解决的问题。贵州省常年农田鼠害发生面积800万亩*左右，田间鼠密度为5%～15%，重发区达20%以上，危害损失率为5%～40%，尤其对水稻、小麦、玉米等粮食作物和经济作物的危害十分严重，若不及时组织防治，每年将会造成粮食损失15万吨左右。常年农舍鼠害发生300万户左右，平均每户损失储粮75千克左右。鼠类对农业、林业、畜牧业、工业、铁路、交通、邮电、卫生保健事业、农业生态环境及人们的日常生活和生命安全都有直接或间接的危害，严重破坏农业生态系统。当前鼠情形势依然严峻，鼠害防治不容忽视。

近年来，为了提高农业害鼠科学防控技术水平，贵州省农田鼠害研究协作组、贵州省植保植检站先后组织实施了联合国粮食及农业组织（FAO）技术合作项目、贵州省省市科技合作专项资金项目、贵州省高层次创新型人才培养项目、遵义市首批市级人才基地项目等鼠害科研项目，积极开展鼠害科技攻关，

* 亩为非法定计量单位，1亩=1/15公顷。全书同。

在农区鼠害监测技术、农区害鼠绿色防控技术研究与应用、灭鼠技术宣传推广以及鼠害团队人才培养等方面开展了大量工作，取得了显著成效。其中，主持完成的“农区害鼠种群生态及监测治理标准体系研究”项目，2016年12月获贵州省科技进步二等奖，主持完成的“贵州省农区害鼠绿色防控技术集成与应用”项目，2019年12月获全国农牧渔业丰收奖一等奖。

为了深入贯彻落实中共贵州省委、贵州省人民政府《关于深入推进农村产业革命坚决夺取脱贫攻坚战全面胜利的意见》，普及科学灭鼠技术，推广应用农区害鼠绿色防控技术，提高防治效果，减少鼠害损失，促进农业增收，保障人类健康，从而达到“保生态、护产业、健康宜居”的新时代鼠害防控目标。本着让广大群众看得懂、学得会、用得上的原则，在总结贵州省灭鼠研究成果和经验的基础上，针对广大人民群众急需了解的灭鼠技术知识，我们组织项目主要成员、辅导员培训班学员编写了这本《农业害鼠防治技术》。本书共六章，第一章为鼠类的危害，第二章为主要农业害鼠种类概述，第三章为农业害鼠防治对策，第四章为农业害鼠综合防治方法，第五章为毒饵站灭鼠技术，第六章为TBS灭鼠技术，特别是选择具有普遍性、科学性和实用性的害鼠绿色防控技术进行了详细的介绍，不仅适用于贵州省农业害鼠防治，也适用于全国各地开展灭鼠工作。

在本书编写过程中，引用了国内专家、学者有关鼠类的研究文献资料，同时，为了能够充分展示鼠类危害、鼠种种类、鼠害防治技术等方面的内容，收录和引用了有关专家鼠害防治专题培训课件中的部分图片，在此，向各位专家表示衷心的感谢。本书由贵州省高层次创新型人才培养项目（黔科合人才〔2015〕4019号）、遵义市首批市级人才基地项目（遵委〔2019〕69号）资金资助出版。

本书附有图片150余幅，内容丰富、通俗易懂、图文并茂、方法具体、技术实用、可操作性强，可供各级农业技术推广人员及广大人民群众学习灭鼠方法时使用，还可以作为开展农村灭鼠培训的参考资料和宣传手册。

由于编者水平有限，书中错误在所难免，敬请各位读者批评指正。

编　者

2020年2月25日

目录
CONTENTS

第一章 鼠类的危害

鼠类具有种类多、分布广、繁殖快、数量大、食性杂、适应性强、危害重的特点。凡是地球陆地上生物可能生存的环境都有鼠类的存在，无论高山、平原、丘陵、河床、农田、森林、灌木、草丛、村寨，到处都有鼠类的踪迹，可用七句话来形容广阔的老鼠天地："出没于森林、纵横于草原、活跃于荒漠、奔驰于高原、畅游于江河、隐居于地下、混迹于人间"。可以说，鼠类无处不在，无处不有。

在人们的心目中，老鼠的形象总是很差的。如"老鼠过街，人人喊打"，这是全人类对老鼠深恶痛绝的真实写照。"一粒老鼠屎，坏了一锅汤"，这是国人常常挂在嘴边的一句俗话。连成语对老鼠也饱含贬义，如獐头鼠脑、贼眉鼠眼、鼠目寸光、抱头鼠窜、胆小如鼠、投鼠忌器、狗头鼠脑、投鼠之忌、蛇行鼠步、鼠腹鸡肠等，我们用图1-1至图1-6来形象比喻。

图1-1　老鼠的形象

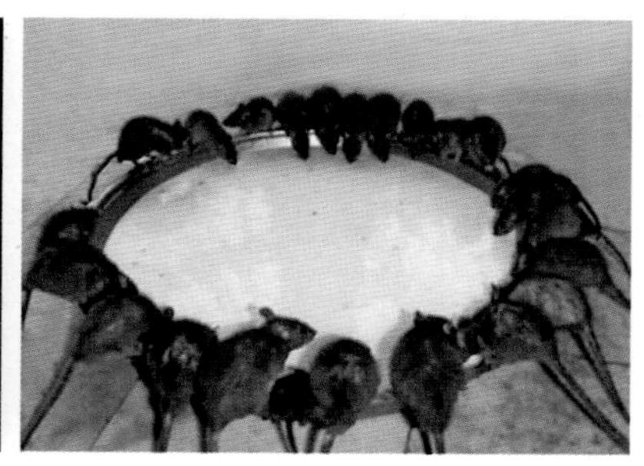

图1-2　一粒老鼠屎，坏了一锅汤比喻

图1-3 獐头鼠脑比喻

图1-4 贼眉鼠眼比喻

图1-5 鼠目寸光比喻

图1-6 抱头鼠窜比喻

一、害鼠与鼠害的含义

害鼠是指对人类直接或间接造成危害的鼠种类群，鼠类不一定是害鼠，而害鼠是鼠类的重要组成部分。我国幅员辽阔，地大物博，野生鼠类繁多，许多种类栖息于各类农田中或农田周围，危害各种作物的根、茎、叶、花、果实、种子等，通常将这些鼠类称为农业害鼠。据卢浩泉等报道，我国农业害鼠有2目9科34属87种，其中对农业有明显危害的有60种，而最常见的主要农业害鼠有30余种。这些鼠类大多数分布广，数量大，繁殖力强，数量年变率大，给农业带来严重的危害。贵州省已知害鼠种类有3目9科19属39种，在这些鼠类中，对农业有明显危害的鼠种有10种，

而危害最严重的主要害鼠有黑线姬鼠、褐家鼠、黄胸鼠、小家鼠、高山姬鼠5种。

鼠害是相对人的生活和生产活动来评估的一种经济概念，是指鼠类对人类的生产、生活以及生态环境或生存条件造成直接和间接的经济损失或负面影响。只有害鼠的密度超过一定限度（即危害阈值）时才对人类有害，一般而言，密度越高，分布区越广，危害越重。根据受害对象不同，可将鼠害分为农业鼠害、牧业鼠害、林业鼠害、农户鼠害、城市鼠害、卫生鼠害、工业鼠害和交通鼠害等。

二、鼠类的危害

鼠类对农业、林业、畜牧业、工业、铁路、交通、邮电、卫生保健事业、农业生态环境及人们的日常生活和生命安全都有直接或间接的危害，严重破坏农业生态系统，而且又传播各种鼠传疾病，对人民群众的身体健康构成极大的威胁。

（一）鼠类对农业的危害

鼠害是人类面临的一个重大问题，是世界性的一种生物灾害，也是制约我国农业发展的重要生物灾害之一。鼠类对农业生产的危害有目共睹，人人皆知。“硕鼠硕鼠，勿食我黍”，“硕鼠硕鼠，勿食我麦”，“千里之堤，毁于鼠穴”，古籍中就有大量关于鼠害的记载。据FAO资料统计，全世界的农业因鼠害造成的损失，其价值约170亿美元，等于世界全部作物产值的20%左右，超过由于病害造成损失的12%、虫害造成损失的14%、草害造成损失的9%。全世界因鼠害每年粮食损失约3 300万吨，可供1 000万人口的大城市用20年。20世纪80年代全国农田鼠害平均每年发生面积2 200万公顷次以上，因鼠害造成的农作物田间粮食损失在500万～1 000万吨之间，农户储粮损失在300万～500万吨之间。

近年来，随着气候变暖，以及经济作物特别是保护地蔬菜的迅速发展，鼠害发生日趋严重，已对保护地蔬菜生产构成严重威胁，部分地区保护地蔬菜被害率达20%～40%，我国农村鼠害呈加重发生态势，农田鼠害面积不断扩大，危害逐年加重，农作物产量损失较大，农区鼠害发生面积不断扩大。据统计，全国每年农田鼠害发生面积均在3 300万公顷次以上，农户年均发生1亿户次以上，平均每年造成田间及储粮损失近100亿千克。同时，部分地区鼠类猖獗发生，如黄淮海平原大仓鼠、黑线仓鼠大暴发；青藏高原高原鼠兔、高原鼢鼠持续危害；2007年6月湖南洞庭湖区东方田鼠大暴发（图1-7），栖息在洞庭湖区400多万亩湖洲中的约20亿只东方田鼠，随着水位上涨迁移至田间危害农作物，它们四处打洞，啃食庄稼（图1-8），严重威胁沿湖防洪大堤和稻田安全。“老鼠铺天盖地，成群而来”，洞庭湖变成了“东方田鼠的乐

图1-7　东方田鼠大暴发

图1-8　东方田鼠危害农作物

园”。据专家调查统计，每亩有东方田鼠300 ~ 500只，最多的达1 000 ~ 2 000只，对周围农作物造成严重危害，鼠密度之高、数量之多实属历史罕见。

贵州省自20世纪70年代后期以来，农田鼠害发生日趋猖獗，发生面积不断扩大，1979年全省农田鼠害发生面积仅15万亩，1982年发生面积80万亩，1983年以后发生面积逐年增大，鼠密度不断上升，危害一年比一年重。一些地区的鼠害已大大超过粮食作物主要病虫的危害损失，局部地区春播春种作物受害率达5% ~ 10%，农田和农舍的鼠密度都大大超过3%的防治指标，对农作物安全生产、农户安全储粮及农民身体健康构成严重威胁，鼠害也成为制约贵州省农业发展的重要灾害之一。

贵州省常年农田鼠害发生面积800万亩左右，田间鼠密度为5% ~ 15%，尤其对水稻、小麦、玉米等粮食作物和经济作物的危害十分严重，若不及时组织防治，每年将会造成粮食损失15万吨左右。据统计，贵州省1984—2019年累计农田鼠害发生面积为25 016.42万亩，年均发生面积735.78万亩，不同时期农田鼠害发生情况不同，全省最高年发生面积达977万亩，最低年发生面积280万亩，以“九五”期间年均发生面积最高，接近894.80万亩，“十五”至“十三五”期间年均发生面积在764.75万 ~ 860.38万亩之间（图1-9）。

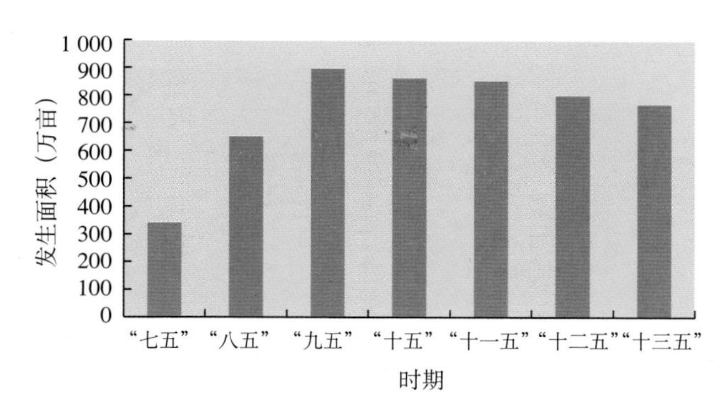

图1-9 贵州省不同时期农田鼠害发生面积比较

鼠类的危害一年四季都在进行，几乎是各个时期、地点，各种生态农田种植的各种作物都会遭受老鼠的危害，其危害损失率达5%～40%，给农业生产造成极大威胁。鼠类对农作物的危害，从作物的茎、叶到根部、种子、果实等几乎是有啥吃啥。在贵州省农田一年中有三个明显的危害季节：一是春季3～4月，作物播种期，此时处于冬后复苏饥饿状态的鼠类，肆意盗吃春播作物种子，糟蹋幼苗，造成缺苗断垄或咬断咬伤幼苗；二是夏季6～7月，春播作物生长期，主要啃食茎叶、禾株、未成熟果穗、果实、块茎等，有时还大量咬断拉回洞内；三是秋季9～10月，作物成熟后，盗吃稻穗、果穗、籽粒等，以水稻、小麦、玉米等作物受害较为严重（图1-10、图1-11）。

图1-10　鼠类危害玉米

图1-11　鼠类危害水稻

鼠类是杂食性动物，不仅危害水稻、玉米、小麦、马铃薯等粮食作物，而且还危害果树、蔬菜、甘蔗、大豆、花生、向日葵、瓜果、中药材、食用菌等各类作物，盗食、啮咬作物的种子、根、茎、叶和成熟期的果实，导致商品价值丧失，有些鼠类可以爬到核桃树、杏树、苹果树、梨树等果树上盗食果实和树籽，咬食果树树皮，甚至导致果树死亡，严重影响农业产业结构调整和经济作物的发展。如咬食危害果树树皮（图1-12）、辣椒（图1-13）、葡萄（图1-14）、南瓜（图1-15）、草莓（图1-16）、花生（图1-17）、向日葵（图1-18）等。

图1-12　鼠类危害果树

图1-13　鼠类危害辣椒

图1-14　鼠类危害葡萄

图1-15 鼠类危害南瓜

图1-16 鼠类危害草莓

图1-17 鼠类危害花生

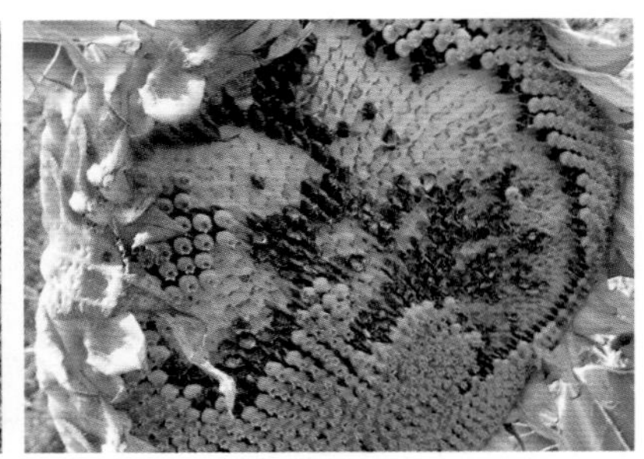
图1-18 鼠类危害向日葵

近年来，随着农业产业结构的调整，特色经济作物种植面积不断扩大，给害鼠提供了丰富的食物条件，导致农区鼠害日趋严重，严重影响了农产品的生产安全和质量安全。由于农区鼠害是一个连续发生的过程，每年防治后都不可能完全消灭，防治后残存的害鼠通过繁殖后代加入种群，田间鼠密度将会慢慢回升，又对农作物造成危害。面对鼠情依然严峻的形势，鼠害防治不容忽视，因此，监测鼠害、研究鼠害、控制鼠害已成为当前确保农业生产安全亟待解决的问题。

（二）鼠类对林业的危害

鼠类对林业生产的危害是相当严重的。因为森林环境为鼠类提供了良好的栖息场所和食物来源，所以这种小动物广泛生活在

天然林和人工林中。鼠类危害的树种，几乎是所有人工造林地的全部树种，在鼠类大发生的年度，还可以见到原始森林中的一些树种或灌木丛也遭受危害。森林鼠害主要表现为危害人造幼林，全国1 000万亩人工林受到严重危害，不少林区株受害率达80%，死亡率达20%以上。在林区，鼠类主要盗食树种、树籽，啃坏幼苗、林木嫩枝、嫩芽及树皮，咬断树根等（图1-19），严重危害树木生长和森林更新，造成严重的经济损失。近年来，我国林业鼠害危害加剧、破坏严重，对退耕还林工程构成巨大威胁，导致造林成活率和保存率大幅度下降，部分地区造林工程区出现了“边栽边吃，常补常缺”的局面，严重影响了退耕还林工程进度和质量。

图1-19　鼠类危害林木

（三）鼠类对畜牧业的危害

鼠类对畜牧业的危害十分严重，特别是对草原的破坏更为突出，使草原生产力下降，影响牧草产量，鼠多、洞多、土丘多，使牧草覆盖度下降，有的地区已成为不毛之地。我国每年草原鼠害发生面积3亿亩左右，一般每亩有鼠洞176 ～ 229个，草原破坏率达40% ～ 60%，牧草损失率达50% ～ 70%，草原鼠害年减少牧草达68亿千克，相当于4 700万只绵羊的年食草量。特别是高原鼠兔（图1-20）、高原鼢鼠（图1-21）猖獗发生，危害草场，草原上布满了大大小小的鼠洞，密集的地方，每平方米就有7～8个，草场千疮百孔、满目疮痍，广阔的草原已成了老鼠享乐的天堂。同时，危害幼龄禽畜，盗食、污染饲料，咬死咬伤家畜家禽的事例屡见不鲜，损失相当惨重，严重影响养殖业的发展。

图1-20　高原鼠兔危害草原

图1-21　高原鼢鼠危害草原

（四）鼠类对食品行业、工业的危害

鼠类不仅危害农业、林业、畜牧业，而且对食品行业、工业建设、铁路、交通、邮电等方面的破坏更为严重。鼠类的牙齿一生不断生长，上门齿每年平均生长114.8毫米，下门齿每年平均生长1 146.1毫米。因此，鼠类每周咬啮达18 000～19 000次，以此将牙磨平。鼠类凭借锐利坚硬的牙齿，无所不咬，软的如纸张、衣物等，硬的如建筑材料、地下电缆、电线等，都是其啃咬的对象。由于咬坏、咬断电线，造成短路，甚至引起火灾的现象时有发生。损毁电力与通信设备，严重威胁公共安全。鼠类对农业生态环境造成破坏，造成土地塌陷，破坏灌渠等水利设施，鼠类在堤岸与水坝上挖洞筑窝，致使堤坝决口，造成水涝灾害等。同时，猖獗的高原鼠兔危害青藏铁路，路基上到处是鼠洞（图1-22），严重影响交通安全。

图1-22　高原鼠兔危害青藏铁路

（五）鼠类对人民日常生活的危害

经常活动于室内的鼠类，如褐家鼠、黄胸鼠、小家鼠，由于盗食与啮咬活动，给人民的日常生活带来很大的危害。一是盗食和糟蹋室内储存的粮食（图1-23、图1-24、图1-25），据报道，一只老鼠一年可盗食粮食9千克。据调查，一个农户一年损失储粮少者10～20千克，多者50～60千克，有的地方高达100千克以上。全国11个抽样省户均储粮鼠害损失为89.14千克，其中，新疆维吾尔自治区（95.96千克）、山西省（187.61千克）、吉林省（135.51千克）危害最为严重，我国有2/3以上的农户不同程度存在鼠害，每年全国农村因鼠害造成损失的农户储粮达30亿～50亿千克。贵州省常年农舍鼠害发生300万户左右，主要是盗食和糟蹋室内储藏的粮食（图1-26），通过对贵州省11个县（市）36个镇（乡）57个村618户农户储粮损失调查，每户储粮损失16.10～171.70千克，平均每户损失储粮为76.26千克，储粮损失率0.66%～7.30%，平均损失率为3.65%，储粮以损失水稻、玉米最高。二是咬坏家具、衣物、包装物等，有时还咬坏书籍、账目、票证等，咬坏居民家中各类物品更不胜其数。三是对房屋的损害（图1-27），房前屋后鼠洞处处可见，尤其以木质结构房屋受害更为普遍，严重者造成房屋倒塌，直接威胁着人民的生命安全。

图1-23　存放于室内的玉米被鼠类盗食

图1-24　鼠类盗食室内稻谷

图1-25　鼠类盗食室内玉米

图1-26　鼠类盗食粮仓粮食

图1-27　鼠类危害农村房屋

（六）鼠类对人类身体健康的危害

鼠类是许多自然疫源性疾病的宿主动物，对人类最大的危害莫过于对流行病的传播作用，传播疾病的途径主要是体外寄生虫叮咬、排泄物污染、机械携带以及直接咬人等方式。鼠类传播的疾病主要有鼠疫、钩端螺旋体病、肾综合征出血热、恙虫病等30多种。其中最严重的是鼠疫，是历史上最可怕的瘟疫。因此，鼠类对人类身体健康的危害较大。

据资料报道，全世界死于鼠传疾病的人数，远远超过了各次战争人数的总和。鼠疫有1500年的历史，1世纪埃及、叙利亚就有记载，历史上鼠疫有过3次大流行，第一次发生在6世纪，从地中海地区传入欧洲，死亡近1亿人，流行时间长达50年；第二次发生在14世纪，波及欧、亚、非三大洲，死亡不计其数，伦敦曾经1周死亡2 000人，欧洲2 500多万人死亡，占当时欧洲人口的1/4，流行持续近300年；第三次发生在19世纪末20世纪初，传播32个国家，死亡4 000万人。我国有关鼠传疾病的记载很多，早在1736年，乾隆年间诗人师道南写了一首《鼠死行》，反映当时云南鼠疫流行的惨状和给人类带来的极大危害："东死鼠，西死鼠，人见死鼠如见虎；鼠死不几日，人死如圻堵。昼死人，莫问数，日色惨淡愁云护。三人行未十步，忽死两人横截路。夜死人，不敢哭，疫鬼吐气灯摇绿。须臾风起灯忽无，人鬼尸棺暗同屋"。

可见，鼠类对人类身体健康危害较大，对鼠害的控制应引起足够的重视。

第二章 主要农业害鼠种类概述

一、主要农业害鼠种类及组成

鼠类是鼠形动物的泛称，狭义的鼠类是指对人类有害的啮齿动物类或其他鼠形动物类群，俗称“老鼠”或“耗子”。广义的鼠类是陆生哺乳动物中一个大类群的总称，几乎占现有哺乳动物的半数以上，包括所有的啮齿类动物和食虫目动物，而啮齿类动物通常又包括啮齿目和兔形目两个目。全世界已知哺乳动物有4 321种，其中，啮齿目1 738种，兔形目70多种，食虫目350种。我国已知啮齿动物有180 ～ 200种（其中兔形目20余种），食虫目9种，占全世界种数的10%左右。鼠类是哺乳动物中种类最多、分布最广、数量最大的类群。

有关贵州省鼠类种类调查研究，王昭孝等（1988）报道全省农耕区鼠类有19种，住宅区鼠类有12种；李纯矩（1989）报道全省农田鼠类有2科7 属21 种（食虫目臭鼩鼱、麝鼩未计入）；《贵州兽类志》记载贵州省啮齿动物有7科20属43种；杨再学等（1994）报道贵州省啮齿动物有9科19属39种（含兔形目和食虫目）；黎道洪等（1999）报道贵州省啮齿动物有7科22属45种；《贵州野生动物名录》收录贵州省啮齿动物有7科46种，这些研究报道为摸清贵州省啮齿动物资源提供了丰富的参考资料。

为了摸清农区鼠类种群组成及其演变规律，为其种群数量预测预报和防治提供科学依据。据1984—2019年贵州省余庆、息烽等23个县（市、区）在住宅区、稻田区、旱地区三种生境类型地调查统计，共置夹2 120 885个，捕获鼠类标本98 504只，平均捕

获率为4.64%。经鉴定，贵州省家栖鼠类和农田鼠类隶属2目（啮齿目、食虫目）3科（鼠科、仓鼠科、鼩鼱科）18种，占贵州省已知鼠种39种的46.15%，其种类名录、分布及区系组成见表2-1。从分类系统来看，贵州省农区鼠类区系组成中，鼠科14种，占总种数的77.78%，仓鼠科、鼩鼱科各2种，各占总种数的11.11%，表明贵州省农区鼠类主要集中于鼠科。从区系组成来看，以东洋界种类为主，有12种，占总种数的66.67%，古北界种类4种，占总种数的22.22%，广布种类2种，占总种数的11.11%，表明贵州省农区鼠类以东洋界种类占绝对优势。

表2-1　贵州省农区鼠种名录、分布及区系组成

序号	种　类	分　布			区系组成
		住宅	稻田	旱地	
1	黑线姬鼠 *Apodemus agrarius*	+	+	+	古
2	褐家鼠 *Rattus norvegicus*	+	+	+	广
3	黄胸鼠 *Rattus tanezumi*	+	+	+	东
4	小家鼠 *Mus musculus*	+	+	+	广
5	高山姬鼠 *Apodemus chevrieri*	+	+	+	古
6	小林姬鼠 *Apodemus peninsulae*		+	+	古
7	社鼠 *Rattus nivivente*	+	+	+	东
8	针毛鼠 *Rattus fulvescens*		+	+	东
9	黄毛鼠 *Rattus losas*		+	+	东
10	大足鼠 *Rattus nilidurs*	+	+	+	东
11	白腹鼠 *Rattus coxingi*	+	+	+	东
12	青毛鼠 *Rattus bowersi*			+	东
13	锡金小家鼠 *Mus pahari*	+	+	+	东
14	巢鼠 *Micromys minutus*		+	+	古
15	黑腹绒鼠 *Eothenomys melanogaster*		+	+	东
16	昭通绒鼠 *Eothenomys eleusis*			+	东
17	四川短尾鼩 *Anourosorex squamipes*	+	+	+	东
18	鼩鼱 *Crocidura suaveolens*	+	+	+	东

注：“古”表示古北界种类、“东”表示东洋界种类，“广”表示广布种类。

1984—2019年全省住宅区共置夹702 952个，捕获鼠类标本39 498只，平均捕获率为5.62%（表2-2），鼠种种类有13种，其中，褐家鼠、黄胸鼠为家栖鼠优势种，分别占总鼠数的51.39%、28.77%，小家鼠为常见种，占总鼠数的16.91%（图2-1），但在黔中地区为优势鼠种，如在息烽县住宅区小家鼠占总鼠数的40.55%，为当地家栖鼠第二优势种。

表2-2　贵州省1984—2019年农区鼠类种群组成

生境	置夹数（个）	捕鼠数（只）	捕获率（%）	种群占比（%）				
				黑线姬鼠	褐家鼠	黄胸鼠	小家鼠	其他
住宅	702 952	39 498	5.62	1.80	51.39	28.77	16.91	1.14
稻田	709 247	29 697	4.19	67.47	11.10	13.03	3.12	5.29
旱地	708 686	29 309	4.14	55.70	15.51	15.10	4.57	9.13
合计	2 120 885	98 504	4.64	37.63	28.57	19.95	9.08	4.77
农田	1 417 933	59 006	4.16	61.62	13.29	14.06	3.84	7.20

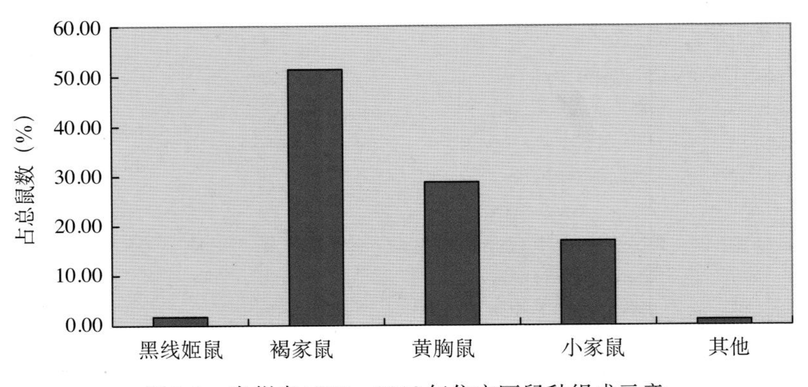

图2-1　贵州省1984—2019年住宅区鼠种组成示意

1984—2019年全省农田区（稻田、旱地）共置夹1 417 933个，捕获鼠类标本59 006只，平均捕获率为4.16%（表2-2），鼠

种种类有18种，其中，黑线姬鼠为农田、旱地耕作区害鼠优势种，占总鼠数的61.62%，在贵州大部分地区都有分布，北纬26°附近以北的大部分地区为黑线姬鼠的绝对优势区，褐家鼠、黄胸鼠为常见鼠种，分别占总鼠数的13.29%、14.06%（图2-2），但在部分地区为农田害鼠优势种，如在三都县稻田、旱地耕作区褐家鼠、黄胸鼠分别占总鼠数的25.7%、56.8%，在关岭县分别占总鼠数的26.11%、62.78%，在榕江县和凯里市农田区黄胸鼠占总鼠数的49.28%和49.60%；高山姬鼠在黔西北部分地区为农田害鼠优势种，如在纳雍县、威宁县、毕节市、赫章县农田区高山姬鼠分别占总鼠数的38.28%、48.44%、69.23%、78.22%，在大方县稻田、旱地耕作区高山姬鼠占总鼠数的56.75%～62.32%。由此可见，不同地区之间优势鼠种不尽相同。

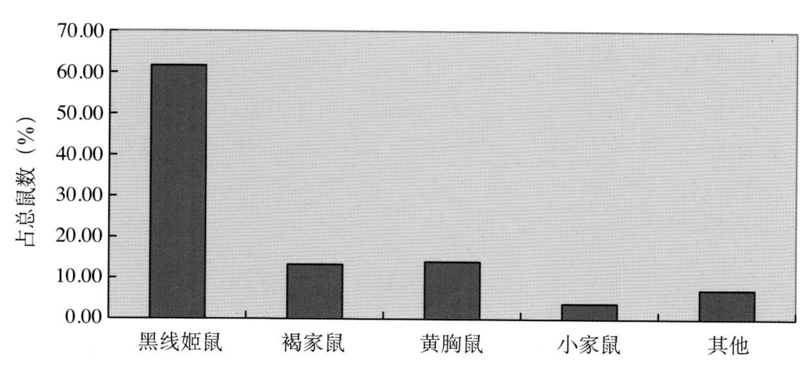

图2-2　贵州省1984—2019年农田区鼠种组成示意

由此可见，贵州省对农业危害最严重的主要害鼠有黑线姬鼠、褐家鼠、黄胸鼠、小家鼠、高山姬鼠5种。因此，贵州省住宅区灭鼠的重点是褐家鼠、黄胸鼠、小家鼠；农田区灭鼠的重点是黑线姬鼠，在部分地区褐家鼠、黄胸鼠、高山姬鼠也应列为主要的防治对象，以上5种农业害鼠应列为贵州省主要的监测和研究对象。

二、主要农业害鼠概述

贵州省黑线姬鼠、褐家鼠、黄胸鼠、小家鼠、高山姬鼠、黑腹绒鼠、四川短尾鼩7种主要农业害鼠的分类与别名、形态特征、生活习性、地理分布概述如下。

（一）黑线姬鼠

1.分类与别名

黑线姬鼠（*Apodemus agrarius*）属于啮齿目（Rodentia）鼠科（Muridae）姬鼠属（*Apodemus*）。别名田姬鼠、黑线鼠、长尾黑线鼠、纹背姬鼠、金耗儿。

2.形态特征

黑线姬鼠是鼠科中一种较小的鼠类（图2-3），体型较小，细瘦，尾长略短于体长，尾长为体长的87%～90%。头小，吻尖，耳短，折向前方达不到眼部。尾毛不发达，鳞片裸露呈环状。四肢较短小。据贵州省余庆县1987—2007年2 563只黑线姬鼠统计，黑线姬鼠体重5.36～53.41克，平均体重（26.31±8.14）克，体长55～125毫米，平均体长（92.33±11.05）毫米，尾长35～105毫米，平均尾长（77.96±8.56）毫米，尾长为体长的84.44%，耳长10～17毫米，平均耳长（13.58±1.04）毫米，后足长13～24毫米，平均后足长（20.07±1.29）毫米。

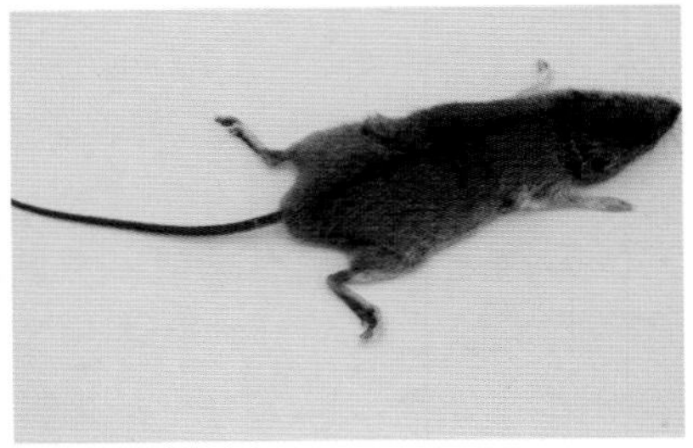

图2-3　黑线姬鼠外形

黑线姬鼠乳头4对，在胸部、鼠蹊部各2对。体背毛一般为浅棕褐色，由于亚种和栖息环境的不同而有一定变化，生活在农田的黑线姬鼠棕色较重或为沙褐色，生活在林缘和灌丛地带的毛色灰褐带有棕色。体背部杂有较多的黑褐色毛尖，体侧较少，自头顶部至尾部沿背中央由黑色毛形成一长条黑色条纹（黑线），故得名黑线姬鼠。体侧毛棕色，无黑毛尖，腹面略深。背腹毛在体侧的分界线较为明显。尾二色，上面暗褐色，下面灰白色。足背毛白色。幼体背毛灰褐色。头骨较狭，眶上嵴明显，顶间骨较向后突，与枕骨交界处骨缝呈“人”字形，顶间骨较大，其前外角明显向前突入顶骨，整个顶间骨略呈长方形。门齿孔较短，一般不及或几乎到达第一臼齿前缘之连线。上颌第一臼齿最大，其长度约为后两个臼齿长度之和。臼齿咀嚼面有三纵列丘状齿突，第一、二上臼齿具发达的后内齿尖，第三上臼齿咀嚼面内侧具两个突角，形成二叶，前面为一孤立的圆形齿叶。鉴别时，与小家鼠的区别：小家鼠上门齿内侧有上凹缺刻如木工凿状，黑线姬鼠上门齿内侧与外侧一样平削无缺刻；与中华姬鼠的区别：中华姬鼠第三臼齿内侧具三个角突，黑线姬鼠则仅具两个角突。

3. 生态习性

黑线姬鼠栖息环境比较广泛，不论是平原、丘陵、山地、林区、草甸、荒滩、坟地等均可栖居，主要栖息于各种农田、旱地耕作区及山坡灌木、草丛中，喜栖居于农田田埂、沟边、路边、河塘边、坟堆、草堆、乱石堆、杂草、沼泽地等，特别是比较潮湿的地方数量最多，在农村偶尔也进入居民区。

黑线姬鼠属洞穴鼠种，洞穴结构比较简单，洞穴分为栖居洞和临时洞两种。栖居洞一般都有2个以上洞口，以有3个洞口者居多，少数有多达5 ～ 7个洞口，洞口与洞口之间的距离不等，近者仅10余厘米，远者达3米以上，多数在1米范围内。洞口分“出入”洞口和“天窗”洞口，“出入”洞口直径2 ～ 3厘米，较光滑，洞口外面往往有黑线姬鼠的粪便和足迹，洞道最大深度距地面垂直距离0.3 ～ 1米，洞道全长0.5 ～ 2米不等。天气越严寒，黑线姬鼠洞道打得越深。洞内有岔道及盲道，窝较简单，在不同环境中由不同秸草组成，窝呈盘状，多数为7 ～ 9厘米，一个洞内多数只有1个窝，少数有2 ～ 3个窝。临时洞为夏季觅食临时栖居的地方，洞道较浅，洞内无窝。

2016年7月在贵州省余庆县水稻田中发现一例黑线姬鼠巢穴，该巢穴筑于水稻（抽穗期）植株上部叶片间，距离水稻田田埂1.65米，形状为椭圆形，巢穴内发现5只黑线姬鼠幼鼠（图2-4）。巢分内外两层，外层为水稻上部叶片，叶片被黑线姬鼠成鼠顺着叶脉撕为2 ～ 12小片，但未将其咬断，叶片略有干枯，仍为绿色，内层为完全干枯并被咬成丝状的杂草叶片或水稻下部叶片。经测量，巢穴距离地面的高度（巢穴最底端与地面之间的距离）为75.4 厘米，巢穴外高度（巢穴上下两端的距离）为17.7厘米，巢穴外宽度为13.8厘米，巢穴内高度为7.5厘米，巢穴内宽度为7.0厘米。

图2-4　水稻田黑线姬鼠巢穴及幼鼠

黑线姬鼠是杂食性鼠种，以取食农作物为主，喜食种子、果实，也取食绿色部分，偏食水稻、大麦、小麦、豆类、甘薯等，食性随田间作物生长发育而变化。黑线姬鼠正常日食量8.5 ～ 11克，进食量随着食物含水量和含盐量增加。贵州省岑巩县调查，黑线姬鼠日食量最大11.5克，最小0.5克，平均4.57克。据陕西省

宝鸡市农业科学研究所资料，黑线姬鼠平均日食量为8.58克。

黑线姬鼠一年四季皆活动，由于受气温和食物因素的影响，在春、秋季活动比较频繁，而盛夏和寒冬季节活动明显减少，但无冬眠现象。其活动与农作物的成熟有很大的关系，为了寻找丰富的食物条件和良好的隐蔽场所，有随着不同作物生长发育、成熟收割和播种而迁移的现象。黑线姬鼠昼夜均可活动，以夜间活动为主，黄昏和黎明最为活跃，为夜出双峰型种类。

黑线姬鼠在我国多数地区冬季停止繁殖，北方地区繁殖期较短，一般为4～10月，黑龙江地区则在5～9月，12月至翌年2月为繁殖休止期；在长江流域及以南地区繁殖季节从2月开始，多数在3月，主要繁殖时期多在3～11月，有的地区1～12月均可繁殖。黑线姬鼠的繁殖期和繁殖高峰因地而异。在贵州省黑线姬鼠繁殖期在3～11月，平均怀孕率为29.22%～39.40%，多数地区每年在4～5月和8～9月出现两个繁殖高峰，胎仔数2～10只，平均胎仔数为4.85～6.12只，平均睾丸下降率为59.13%～81.25%（表2-3）；在贵州省多数地区黑线姬鼠一年中在5～6月和8～9月出现两个数量高峰，12月到翌年3月均属年度种群数量低潮，全年种群数量季节消长曲线表现为一前一后的双峰型，一般前峰高于后峰，前峰比较稳定，但部分地区一年中在6月或7月出现一个种群数量高峰（表2-4）。

表2-3　贵州省黑线姬鼠种群繁殖特征变动规律

调查地点	繁殖期（月）	繁殖高峰期（月）	平均怀孕率（%）	平均胎仔数（只）	平均睾丸下降率（%）
岑巩县	3～11	4，9	29.22	4.85	—
余庆县	3～11	4～5，8～9	36.91	5.33	59.13
雷山县	4～9	4～5，8～9	38.23	6.12	59.55
瓮安县	3～11	4～5，8～9	34.27	5.24	59.48
大方县	4～9	4～5，8～9	37.50	5.43	81.25
息烽县	3～11	3～5，8～10	39.40	4.85	67.80

表2-4 贵州省黑线姬鼠种群数量变动规律

调查地点	年均捕获率（%）	种群数量高峰期（月）	高峰期平均捕获率（%）
岑巩县	4.85	3～4，10	6.80，7.80
余庆县	6.90	5～6，10～11	12.79，6.47
雷山县	3.15	7	5.34
瓮安县	2.70	5～6，8～9	3.19，3.12
大方县	0.75	6	1.18
息烽县	3.92	6～7，9～10	5.93，4.56

4. 地理分布

黑线姬鼠系古北界种类，广泛分布于我国除青海、西藏、海南以外的其余各省（自治区、直辖市），是我国广大农区的主要害鼠。国外见于欧洲和俄罗斯的阿尔泰、西伯利亚地区及朝鲜、蒙古。黑线姬鼠在我国北纬25.5°以北地区广泛分布；在长江流域为农田害鼠优势种，往南逐渐减少；在福建省以年均温19℃（北纬25.5°）为黑线姬鼠分布南界；湖南省地处北纬25.5°左右的宜章—道县一线，年均温18.3 ～ 18.6℃，仅在兰山县丘陵区捕获3只黑线姬鼠，占捕获总鼠数246只的1.2%；广东省仅在北部的韶关和阴山县曾捕到黑线姬鼠；在台湾，黑线姬鼠（台湾亚种）可分布到北纬23°（台南）地区；在贵州北纬26°附近以北的大部分地区为黑线姬鼠的绝对优势区，以南为黑线姬鼠无或稀有分布地区，两者之间为过渡地带。

（二）褐家鼠

1. 分类与别名

褐家鼠（*Rattus norvegicus*）属于啮齿目（Rodentia）鼠科（Muridae）鼠属（*Rattus*）。别名大家鼠、挪威鼠、沟鼠、白尾鼠、褐鼠、粪鼠、家耗子。

2. 形态特征

褐家鼠是鼠科中体型较大的一种家栖鼠类（图2-5）。体型粗

大，体重最大可达500克，体粗壮结实，尾长达体长的1/3还多，被毛稀疏，环状鳞清晰可见。头小吻短，耳短小而厚，向前翻不到眼，后足较粗大。据贵州省余庆县、息烽县、大方县、三都县、关岭县1986—2008年采集的3 059只褐家鼠统计，体重6.1 ～ 315.9克，平均体重（108.30±49.00）克，体长10.0 ～ 240.0毫米，平均体长（137.94±30.05）毫米，尾长45.0 ～ 214.0毫米，平均尾长（123.67±26.70）毫米，尾长为体长的89.66%，耳长9.0 ～ 30.0毫米，平均耳长（18.28±2.34）毫米，后足长14.0 ～ 41.0毫米，平均后足长（30.73±3.60）毫米。对贵州省息烽县1986—2019年捕获的褐家鼠统计，平均体重107.47克，平均体长131.94毫米，平均尾长118.33毫米，平均后足长30.22毫米，平均耳长9.14毫米。

褐家鼠雌鼠乳头6对，胸部2对，腹部1对，鼠蹊部3对。体背毛多数呈棕褐色或灰褐色，毛基深灰色，毛尖染棕色，头部和背中央毛色较深，并杂有部分全黑色的长毛。体侧毛色略浅，腹面毛基部深灰色，毛尖浅灰，略染污黄色。尾部具鳞状环节，幼鼠毛色较深，为黑褐色，比较细软，体毛因年龄、栖息环境而异。头骨粗大，眶上嵴发达，与颞嵴相连向后伸延至鳞骨，左右两侧颞嵴近于平行。间顶骨宽度几乎与左右顶骨宽度相等，这是识别褐家鼠的明显特征之一。

图2-5 褐家鼠外形

3. 生态习性

褐家鼠多栖息在城镇、乡村居民区和住宅附近的田野，栖息地十分广泛，主要栖息在各类建筑物和居民区底层、地下室，也能攀登至上层，经常出没于垃圾堆、下水道、河流湖泊沿岸及港口码头等潮湿地区。适应性强，为家野两栖鼠种，仓库、厨房、厕所、草堆、农田、菜地、荒地、森林、河边等各种环境均可见到。

褐家鼠洞穴构造比较复杂，凡是可以隐蔽的墙缝、空隙、杂物堆均可筑巢。一般洞有出口2 ～ 4个，洞道长50 ～ 120厘米，深100 ～ 150厘米。洞内有巢室与仓库，田野中的巢多用农作物的茎叶筑成，室内巢则多利用破布、烂棉絮、碎纸等营造。

由于褐家鼠长期依附人类，食性很杂，食谱很广，几乎所有的食物均可食用，连垃圾、粪便也吃，最喜食肉类与瓜果等含脂肪或含水分多的食品。日食量约为体重的5%～ 100%，对饥渴的耐力较小，取食频繁，对水的需要量大，故在水源附近密度较大。不同年龄褐家鼠日食量有显著差异，随着体重的增加，日食量也增加，按各年龄褐家鼠日食量计算，一只褐家鼠每年直接消耗粮食为：幼体鼠6 256.8克，亚成体鼠6 634.8克，成体鼠8 582.4克，平均为7 167.6克，平均日食量可达19克。褐家鼠对不同食物的食量不同，每只日均取食稻谷18.9克、大豆10.5克、花生8.5克、红薯10.1克。褐家鼠平均每日每千克体重取食量和饮水量分别为（53±3）克和（45±5）毫升。

褐家鼠为昼夜活动类型，在野外以晨昏活动最频繁，在室内多于午夜最活跃。视觉差，但味觉、听觉相当灵敏，警惕性高，对环境中新出现的物体有明显的回避行为（即新物反应）。褐家鼠无论在北方、南方，都有室内与田野间的季节迁移现象，每年初春天暖后，部分褐家鼠由室内迁居室外或田野危害，10月后随作物成熟收获归仓，又陆续迁回住宅。

褐家鼠在我国全年均可繁殖，由于受当地气候条件、环境及食物条件等多种因素的影响，不同地区之间种群数量高峰期和繁殖高峰期出现的时间不尽相同，因地而异，胎仔数也具有明显的地理差异。在贵州省褐家鼠1 ～ 12月均可繁殖，平均怀孕率为

19.45%～49.46%，每年在3～5月和9～11月出现两个繁殖高峰，胎仔数3～14只，平均胎仔数为5.60～7.33只，平均睾丸下降率为27.95%～79.53%（表2-5）；年均捕获率为0.62%～3.73%。在余庆县、息烽县、瓮安县，3月、6月或7月、9月或10月或11月出现三个数量高峰，在三都县、大方县、安龙县，6月出现一个数量高峰（表2-6）。

表2-5　贵州省褐家鼠种群繁殖特征变动规律

调查地点	繁殖期（月）	繁殖高峰期（月）	平均怀孕率（%）	平均胎仔数（只）	平均睾丸下降率（%）
余庆县	1～12	2～3，10～11	20.40	7.33	27.95
三都县	1～12	4，10	19.45	6.38	39.35
瓮安县	1～12	3～4，9～10	36.55	5.92	57.77
大方县	1～12	4～5，8～9	22.59	7.22	71.18
息烽县	1～12	3～5，9～10	31.17	6.59	79.53
安龙县	1～12	4～5，10	49.46	5.60	62.19

表2-6　贵州省褐家鼠种群数量变动规律

调查地点	年均捕获率（%）	种群数量高峰期（月）	高峰期平均捕获率（%）
余庆县	1.53	3，6，11	1.82，1.73，2.86
三都县	–	6	3.76
息烽县	3.73	3，7，10	4.74，4.67，4.01
瓮安县	1.36	3，6，9	1.74，1.68，1.58
大方县	2.30	6	4.17
安龙县	0.62	6	1.17

4. 地理分布

褐家鼠是人类伴生种之一，其分布遍布全世界，在我国除新疆以外已基本遍布各省（自治区、直辖市），在南方少数地区黄胸鼠占绝对优势时不见褐家鼠的活动，在贵州省各县（市、区）均有分布。

（三）黄胸鼠

1. 分类与别名

黄胸鼠（*Rattus tanezumi*）属于啮齿目（Rodentia）鼠科（Muridae）鼠属（*Rattus*）。别名黄腹鼠、长尾鼠、长尾吊。

2. 形态特征

黄胸鼠是鼠科中体型较大的鼠类（图2-6），体型与褐家鼠相似，体躯细长，尾比褐家鼠的细而长，一般尾长大于体长，少量个体尾长等于或短于体长。体重75～200克，体长130～150毫米，耳长而薄，向前拉能盖住眼部，后足细长，长于30毫米。据贵州省余庆县、三都县、息烽县、关岭县1999—2002年捕获的186只黄胸鼠统计，体重9.16～172.00克，平均体重（92.56±38.17）克，体长59.00～195.00毫米，平均体长（128.52±25.23）毫米，尾长70.00～203.00毫米，平均尾长（142.33±27.50）毫米，平均尾长为平均体长的1.11倍，后足长17.00～37.00毫米，平均后足长（28.44±3.53）毫米，耳长15.00～25.00毫米，平均耳长（19.36±2.51）毫米。据贵州省安龙县188只黄胸鼠统计，平均体重119.49克，平均体长137.80毫米，平均尾长148.49毫米，体长为尾长的92.80%，平均后足长30.88毫米，平均耳高20.73毫米。

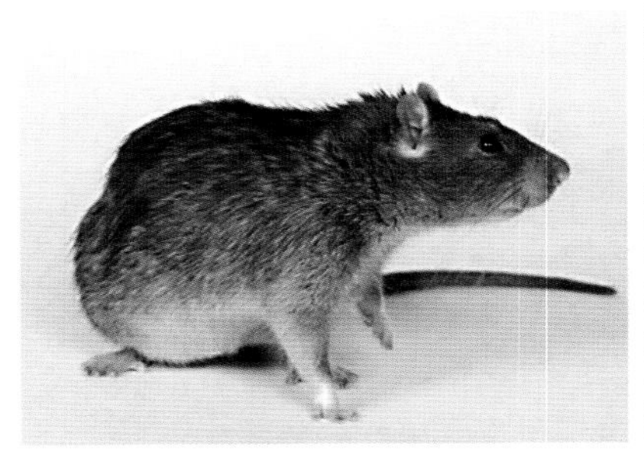

图2-6　黄胸鼠外形

黄胸鼠雌性乳头5对，胸部2对，腹部3对。体背棕褐色，并杂有黑色，毛基深灰色。前足背中央有一明显的暗灰褐色斑，是鉴别黄胸鼠，特别是在南方与黄毛鼠相区别的重要形态特征。尾部鳞片发达，呈环状，细毛较长。头骨比褐家鼠的稍小，吻部较短，门齿孔较大，鼻骨较长，眶上嵴发达。

3. 生态习性

黄胸鼠主要栖息在室内，住宅房舍区为其最佳栖息地，攀缘能力强，可沿铁丝、电缆而行。多栖息于房屋的上层天花板上、柱顶、檐下、砖缝等缝隙处，也栖息于村庄附近的田野、灌木草丛中。

黄胸鼠洞穴构造较简单，洞口直径4 ~ 5厘米，洞内常有破布、碎纸、烂棉絮、干草及作物的茎叶，洞口多上通花天板，下到地板上，前后左右连贯各室。在山坡旱地多筑在坟墓、岩缝等不能开垦的荆棘灌木丛下，在田坎多见于田埂、水渠边，在河滩多筑于灌丛沙石堆下。洞穴分为复杂洞和简单洞两种结构类型。复杂洞为越冬洞，入土较深，洞口、巢室数量较多；简易洞为季节性临时洞，作物成熟时迁入挖掘，收割后即转移废弃。在调查中发现两个育仔洞，一个洞口入土40厘米，巢室直径80厘米，洞口浮土湿润新鲜。洞穴有一个圆形前洞口，直径4 ~ 5厘米，1 ~ 3个后洞口，位置比前洞口高，群众称为“天窗”，口径比前洞口小，4厘米左右，洞外无浮土，有外出的路径，垂直入土30 ~ 40厘米。简易洞只有一个巢室，复杂洞有2 ~ 3个，只有一个巢室垫物是新鲜的，巢室离地面20 ~ 50厘米，椭圆形，直径8 ~ 20厘米，内垫物有干枯植物茎叶，如稻草、豆叶、杂草等。

黄胸鼠为杂食性而偏素食性动物，食谱广，喜多水作物，与褐家鼠相似。在黄胸鼠危害现场，到处能看见被害后的植株残余，在经常出没的鼠道上，也可以找到残留的食物。黄胸鼠在贵州省常见的食物有24种，其中以甘薯、大豆、水稻、小麦最喜吃，其次是水芋、木薯等。黄胸鼠平均日食量为24.89克，最多达29.2克，日食量一般是体重的15% ~ 20%。依此标准计算，一只黄胸鼠一年食量为9 048克，多的达10 840克，危害损失是相当严重的。黄胸鼠平均每日每千克体重取食量和饮水量分别为（91±8）克和（121±11）毫升。

黄胸鼠昼夜活动，以夜间活动为主，黄昏后和黎明前有两个活动高峰。在住宅区和农田可进行短期季节迁移，在农田常随作物成熟期不同而作季节性迁移危害。黄胸鼠与褐家鼠常同室居住，褐家鼠在下层，黄胸鼠在上层，但同小家鼠都有明显的相互排斥现象。

黄胸鼠一年四季均可繁殖，湖南洞庭湖区每年在4～5月和在8～9月出现两个繁殖高峰，平均胎仔数6.37只。福建省黄胸鼠1～11月为怀孕期，3～5月和8～10月为怀孕高峰，数量高峰出现在12月至翌年1月和9月。贵州省黄胸鼠1～12月均可繁殖，平均怀孕率为23.33%～58.80%，关岭县、安龙县、三都县每年在3～5月和8～10月出现两个繁殖高峰，息烽县在6月出现一个繁殖高峰，胎仔数3～12只，平均胎仔数为5.59～6.16只，平均睾丸下降率为54.62%～78.52%（表2-7）；关岭县、三都县在3～4月和6～8月出现两个数量高峰，息烽县在5月、7月、9月出现三个数量高峰，安龙县在6月出现一个数量高峰（表2-8）。

表2-7　贵州省黄胸鼠种群繁殖特征变动规律

调查地点	繁殖期（月）	繁殖高峰期（月）	平均怀孕率（%）	平均胎仔数（只）	平均睾丸下降率（%）
关岭县	1～12	3～4，8～9	44.81	6.16	78.52
息烽县	1～12	6	24.11	5.59	58.23
安龙县	1～12	4～5，9～10	58.80	6.07	61.17
三都县	1～12	3～5，9～10	23.33	6.08	54.62

表2-8　贵州省黄胸鼠种群数量变动规律

调查地点	年均捕获率（%）	种群数量高峰期（月）	高峰期平均捕获率（%）
关岭县	1.02	4，8	1.56，1.56
息烽县	1.07	5，7，9	1.45，1.55，1.30

（续）

调查地点	年均捕获率（%）	种群数量高峰期（月）	高峰期平均捕获率（%）
安龙县	1.66	6	2.66
三都县	1.06	3，6～7	1.36，1.63

4. 地理分布

黄胸鼠的分布属东南亚热带－亚热带型，居东洋界。在我国主要分布于长江流域及以南各省（自治区、直辖市）和西藏东南部，江苏、安徽的北部也有分布，新疆及北方部分省份也有分布，在北方部分地区种群在不断上升。在贵州分布较广泛，各县（市、区）均有分布，属于家栖和野栖鼠类。

（四）小家鼠

1. 分类与别名

小家鼠（*Mus musculus*）属于啮齿目（Rodentia）鼠科（Muridae）小鼠属（*Mus*）。别名小耗子、小老鼠、鼷鼠、米鼠仔。

2. 形态特征

小家鼠体型小（图2-7），体长60～100毫米，尾长短于体长或等于体长，体重9～20克。头较小，吻短，耳圆形，11～14毫米，明显地露出毛被外。四肢细弱，后足较短，仅略大于耳长，不足19毫米。据贵州省息烽县2005年采集的258只小家鼠统计，平均体重（12.96±4.31）克，平均体长（64.45±8.89）毫米，平均尾长（73.79±7.97）毫米。

小家鼠雌鼠乳头5对。毛色随季节、环境变异较大。体背毛呈棕灰、灰褐或暗褐色，毛基部黑色，腹面白色、灰白色或白黄色；尾两色，背面较深，为暗褐色，腹面稍浅，呈沙黄色，四足背面呈暗褐色或污白色。头骨略细长，吻部短，脑颅低平，额骨微向上拱。门齿孔较长，其后缘超过第一上臼齿前缘的连接线。无眶上嵴和颞嵴。听泡小，且较扁平。上颌门齿的后缘有一极明显的缺刻，为其分类鉴定的主要特征。

图2-7 小家鼠外形

3. 生态习性

小家鼠分布极广，栖息地多样，室内外都能栖息，是人类伴生种之一，凡是有人类的地方，就有它的踪迹，喜欢栖息于干燥、离食物近的隐蔽场所，如柜子、箱子、棉絮、衣物、厨房、仓库以及杂物堆积处，用破布、纸屑等筑巢，从仓库、厨房到办公室、宿舍，由草房至高楼大厦，都有小家鼠栖居。在室外栖息于农田、菜地、荒地、灌丛和草丛中。

小家鼠洞穴结构比较简单，一般在杂物堆、衣柜、抽屉、墙角、田埂、粮草垛、食品库等处作窝。室内窝巢常以破布、烂棉、纸屑等柔软物质铺垫而成；室外窝巢常用多种作物的茎叶和细软的草本植物筑成。洞口1 ~ 2个，洞直径3 ~ 5厘米，洞长60 ~ 100厘米，巢穴有球状和碗状两种，巢的体积约13厘米^3。小家鼠的个体常营独居生活，仅在交尾或哺乳期可见一洞数鼠现象。

小家鼠食性杂，以盗食粮食作物为主，最喜吃小颗粒的粮食作物和经济作物的种子。初春啃食种子、幼苗、树皮、果蔬等，夏季在野外也食草籽和昆虫等，食谱广泛。小家鼠取食主要在夜间，一般19 ~ 22时为取食高峰。

小家鼠昼夜活动，以夜间活动较频繁，晚上20 ~ 21时为活动高峰。经常出没于食物与栖息之处，具有明显的季节迁移习性。

春季开始播种时，从居民住宅区外迁到野外农田进行危害，入冬前随作物成熟收割，粮食进仓，大部分迁回住宅、库房，少数在秸秆内过冬。

小家鼠全年均可繁殖，主要繁殖期在2～11月，种群繁殖高峰出现时间因地而异，贵州省息烽县小家鼠繁殖高峰出现在每年3～4月和9～10月，而福建莆田地区房舍区小家鼠的怀孕高峰在冬、春季，湖南洞庭平原小家鼠繁殖高峰则出现在7～8月，在12月怀孕率亦较高，上海地区小家鼠繁殖高峰出现在2月、5月、8月，内蒙古鄂尔多斯小家鼠繁殖高峰出现在春、夏季。说明小家鼠种群繁殖高峰出现的早迟受当地气候条件、环境条件、食物条件等多种因素的综合影响。小家鼠胎仔数具有明显的地理差异，由北向南逐渐减少，新疆北部7.82只、内蒙古鄂尔多斯7.08只、辽宁大连6.06只、河南洛阳5.09只、上海4.89只、湖南洞庭平原4.88只、贵州息烽4.67只、福建莆田4.43只，反映出小家鼠胎仔数随纬度的升高趋向增多的特征。小家鼠在贵州省息烽县每年在4月、7月、10月出现三个种群数量高峰期，三个种群数量峰密度依次降低，12月至翌年1月为种群数量低潮。

4. 地理分布

小家鼠为广布种，遍布世界各地，是一种分布很广的小型鼠类。在我国各省（自治区、直辖市）均有分布，是分布最广泛的鼠种之一，几乎有人居住的地方均有小家鼠分布。在贵州省多数县（市、区）均有分布。

（五）高山姬鼠

1. 分类与别名

高山姬鼠（*Apodemus chevrieri*）属于啮齿目（Rodentia）鼠科（Muridae）姬鼠属（*Apodemus*）。别名齐氏姬鼠、高原姬鼠、西南姬鼠。

2. 形态特征

高山姬鼠为中型农田害鼠（图2-8），尾较光滑细长，但短于体长。耳小，向前折达不到眼角。据贵州省大方县1996—2008年采集的715只高山姬鼠统计，体重12.0～40.0克，平均体重(24.26±5.57)克，体长49.0～120.0毫米，平均体长(93.89±8.99)毫米，尾长55.0～90.0毫米，平均尾长(75.37±4.63)毫米，耳长11.0～18.0毫米，平均耳长(13.96±1.57)毫米，后足长9.0～27.0毫米，平均后足长(18.40±3.07)毫米，各项外形测量指标两性之间无显著差异。

高山姬鼠全身体毛柔软，呈青灰色，背中部毛色较深，但绝不形成黑色纹（黑线），此特征可与黑线姬鼠区别。腹部毛色灰白，背腹无明显界线。颅骨有明显的眶上嵴，前额部微凸，但鼻骨后缘与额骨接壤处呈现纵长凹陷。门齿孔短、宽，第三上臼齿内侧二叶。

图2-8　高山姬鼠外形

3. 生态习性

高山姬鼠虽分布范围十分广泛，但种群数量稀少，多栖居于海拔较高的山地，对林业和农业都有危害，是四川西北部山地人工林中的主要害鼠和优势种。该鼠不仅危害多种作物，还是钩端螺旋体病的主要传染源，也是云南横断山地区鼠疫自然疫源地的主要宿主之一。

高山姬鼠一般分布在野外，偶入室内，冬季有向院落附近草堆、柴堆等转移的趋势。在四川高山姬鼠与黑线姬鼠的地域分布

差异为在海拔1 200米左右两鼠共栖，但随海拔升高渐为高山姬鼠取代，而1 200米以下随海拔下降而减少至纯为黑线姬鼠。据贵州省大方县1996—2008年在住宅、稻田、旱地生境类型地调查，高山姬鼠在大方县主要分布于稻田、旱地耕作区，占总鼠数的62.32%，捕获率为0.98%～4.99%，住宅区数量较少，仅占总鼠数的4.07%。

高山姬鼠昼夜都有活动，以夜间活动为主。为寻找食物，随着作物生长、成熟、收获而产生迁移现象，有少数个体还迁移到室内盗食粮食。在冬季有向院落附近草垛、柴堆等地转移的趋势。

高山姬鼠为纯植食性鼠类，即使森林中的个体解剖胃溶物时，也未发现动物、昆虫残渣，喜吃稻谷、玉米、花生、小麦、甘薯、瓜类、树种子等，为农业和林业主要害鼠。据报道，每只高山姬鼠日取食普通玉米粉占体重的1/5～1/4，取食含水的玉米粉或新鲜甘薯达体重的1/2，个别日取食量接近体重。

高山姬鼠种群繁殖具有明显的季节周期性波动，在四川西昌市郊区和四川天全县高山姬鼠一年内仅在3～9月及3～5月出现一个繁殖高峰期，平均胎仔数为6.12～6.80只。在贵州省大方县1月、12月当地高山姬鼠停止繁殖，2月、3月和10月、11月出现少量孕鼠，平均怀孕率为2.22%～14.26%，主要繁殖期在4～9月，每年在4～5月和8～9月出现两个繁殖高峰期，呈典型的双峰型曲线，平均怀孕率分别为37.95%～39.43%和35.51%～42.95%。胎仔数最多10只，最少2只，平均胎仔数为5.92只，以怀孕6只最多，占总孕鼠数的42.45%，怀孕5～8只的占总孕鼠数的90.65%，接近四川西昌市郊区平均胎仔数6.12只，低于四川天全县平均胎仔数6.80只，高于黔西北地区平均胎仔数5.50只和云南剑川县平均胎仔数5.80只，说明高山姬鼠种群繁殖参数具有明显的地理差异特征。

高山姬鼠在贵州省大方县一年内种群数量变动较大，每年在6月出现一个种群数量高峰，平均捕获率为4.63%，全年种群数量季节变化呈单峰型曲线。不同年度、不同月份、不同季节种群繁殖参数存在一定差异。不同年龄组之间种群繁殖参数存在显著差异，随着种群年龄的增长，种群繁殖力不断增加。

4. 地理分布

高山姬鼠为中国的特有物种，是典型的古北界种类，广泛分布于中国四川、云南、贵州、西藏、甘肃、湖北等省（自治区、直辖市），在贵州主要分布于大方、黔西、威宁、赫章、毕节、独山、贵定一带的高海拔（1 000 ~ 2 500米）地区，为黔西北地区农田主要害鼠之一。

（六）黑腹绒鼠

1. 分类与别名

黑腹绒鼠（*Eothenomys melanogaster*）属于啮齿目（Rodentia）仓鼠科（Cricetidae）绒鼠属（*Eothenomys*）。别名黑线绒鼠、绒鼠，俗称猫儿老壳耗子、地滚子。

2. 形态特征

黑腹绒鼠体型肥满而粗壮（图2-9），尾较短，仅及体长的1/3左右。眼小，耳短。属小型鼠类，体重13.0 ~ 35.0克，体长87.0 ~ 108.0毫米，尾长30.0 ~ 42.0毫米，后足长17.0 ~ 19.8毫米，耳长9.5 ~ 13.0毫米。据贵州省余庆县2000—2008年捕获的51只黑腹绒鼠统计，体重13.46 ~ 34.50 克，平均体重（27.90±0.75）克，体长70.00 ~ 110.00 毫米，平均体长（97.35±1.19）毫米，尾长25.00 ~ 45.00 毫米，平均尾长（37.75±0.67）毫米，尾长明显短于体长，尾长仅占体长的38.78%，两性之间形态特征无显著性差异。

黑腹绒鼠体背毛色棕褐色，毛基黑灰，毛尖赭褐色。背毛中杂有全黑色毛；口鼻部黑棕色。腹毛暗灰色，但中央部分毛色稍黄。足背黑棕色。尾背面毛色同背毛色，下部毛色同腹部毛色。腹部有乳头2对。颅骨平直，眶间较宽，颧骨略外突；眶后嵴、人字嵴及矢状嵴均不明显。腭骨后缘无骨质桥。第一上臼齿外侧3个内侧4个突出角，第二上臼齿有2个对称相连的三角形齿环，第三上臼齿最后一个齿叶的末端向后伸延。

图2-9　黑腹绒鼠外形

3. 生态习性

黑腹绒鼠多栖息在树林、灌丛、草丛、农田等生境中，对林业和农业都有危害，以植物绿色部分为食，亦啃食树皮，进行茎基部环剥，啃食幼树的根、茎和枝、叶，甚至整株咬断。

黑腹绒鼠繁殖高峰出现早迟和次数是不一致的，具有明显的地区差异。在贵州省余庆县仅在秋季出现1个繁殖高峰，怀孕率达90.91%，其次是冬季和春季，怀孕率分别为40.00%、33.33%，夏季未捕获到怀孕鼠，平均胎仔数为2.31只。雄鼠睾丸下降率春季、秋季保持在较高状态，睾丸下降率均在80.00%以上，冬季最低，繁殖指数以春季和秋季明显高于夏季和冬季。在浙江西天目山和金华地区两个繁殖季节分别在早春和秋季。在四川茂汶县繁殖时间主要集中在4～5月和9～11月。而在安徽天目山地区只在3～4月出现1个春季繁殖高峰，平均怀孕率达60%以上。

黑腹绒鼠的种群数量无周期性波动，季节变化在不同地点也不一致。在贵州省余庆县不同季节种群数量具有明显差异，以秋季最高，仅在11月出现1个数量高峰，平均捕获率为0.52%，以4月和8月数量最低，平均捕获率均为0.06%，最高月捕获率与最低月相差8.67倍，下半年种群数量（0.36%）明显高于上半年种群数量（0.13%）。在贵州省凯里市黑腹绒鼠不同月份种群数量波动较大，全年种群数量在5～6月和9～11月出现两个数量高峰，平均捕获率分别为0.50%～0.53%和0.43%～0.54%，呈典型的双峰型曲线。在浙江西天目山和金华地区黑腹绒鼠在5～6月和9～10月出现两个数量高峰，冬季捕获率最低。在四川绵竹市每年的2～3月和7～9月出现两个数量高峰，春季的峰期明显，秋季的峰期不如春季明显。

4. 地理分布

黑腹绒鼠是我国南方常见的鼠种之一，主要分布于浙江、福建、甘肃、陕西、安徽、江西、湖北、湖南、广东、广西、四川、云南、贵州、台湾等省（自治区、直辖市）。在贵州分布于贵阳、江口、安龙、榕江、都匀、独山、荔波、瓮安、凯里、绥阳、黎平、余庆、开阳、雷山等县（市、区）。国外见于印度阿萨姆，缅甸北部和中南半岛。

（七）四川短尾鼩

1. 分类与别名

四川短尾鼩（*Anourosorex squamipes*）属于食虫目（Insectivora）鼩鼱科（Soricidae）短尾鼩属（*Anourosorex*）。别名微尾鼩、短尾鼩、地滚子、山耗子、臭耗子、鳞鼹鼩、药老鼠。

2. 形态特征

四川短尾鼩尾极短（图2-10），仅有8～19毫米，体长74～110毫米，后足长11～15毫米。据贵州省大方县1995—2012年捕获的134只四川短尾鼩统计，体重12.20～48.00克，平均体重（31.12±6.48）克，体长90.00～120.00毫米，平均体长（102.06±7.41）毫米，尾长7.00～17.00毫米，平均尾长（11.04±1.62）毫米，尾长为体长的10.82%，后足长10.00～23.00毫米，平均后足长（17.05±2.39）毫米。据贵州省息烽县2015—2017年捕获的40只四川短尾鼩统计，体重19.98～46.2克，平均体重（31.16±2.04）克，体长75.00～114.00毫米，平均体长（93.83±2.82）毫米，后足长12.00～20.00毫米，平均后足长（15.63±2.82）毫米。

四川短尾鼩全身覆盖有短而密的黑色毛发，通体黑色，两颊

常具一赭色细斑，背部呈深灰色或黑棕色，腹面淡灰，微染淡黄色，四足背面灰黑色，指（趾）、爪均白。尾黑棕色。吻较钝而短，眼睛极小，外耳退化。体毛厚而较长，尾极短，具鳞片，光裸无毛，尖端有时具微毛。前足爪短而钝，略显粗壮，适于掘土。

图2-10　四川短尾鼩外形

3. 生态习性

四川短尾鼩在农田生态系统中，属于害兽之列，近年来种群数量呈上升趋势，是我国特有的一种小型食虫目动物，已对农作物和人类健康造成一定的危害，与人类关系密切，是钩端螺旋体病及流行性出血热的主要自然宿主之一。

四川短尾鼩生活力强，适应性广，在四川低山、丘陵、平原广泛分布，营地下及地面生活，主要在夜间活动，杂食性，是四川丘陵农田常见鼠形小兽。四川短尾鼩在贵州省大方县广泛分布于住宅、稻田、旱地耕作区，占总捕获兽类数量的6.68%。在息烽县四川短尾鼩占总捕获兽类的13.56%，是当地农区常见害兽之一。在大方县不同年度、月份和季节种群数量具有明显差异，多年平均捕获率为0.25%，全年种群数量在3～4月和9～10月出现两个数量高峰，平均捕获率分别为0.23%～0.24%和0.49%～0.54%，后峰明显高于前峰。在贵州省息烽县全年种群数量在6～7月和10～11月出现两个数量高峰，后峰明显高于前峰，季节性变化规律以秋季（9～11月）最高，平均捕获率0.56%，冬季（12月至翌年2月）最低，平均捕获率仅为0.14%。

四川短尾鼩可终年繁殖，在大方县繁殖期为3～10月，平均怀孕率为24.26%，平均胎仔数为5.06只，平均睾丸下降率为41.94%，平均繁殖指数为0.73。不同月份和季节种群繁殖特征存在明显差异，在4～5月和9～10月出现两个繁殖高峰，怀孕率分别为30.77%～33.33%和29.17%～57.14%，呈典型的双峰型曲线，睾丸下降率、繁殖指数季节变化规律与怀孕率季节变化一致，呈同步变动趋势，春季和秋季是四川短尾鼩的主要繁殖季节。在息烽县雌性个体平均怀孕率10.00%，平均胎仔数6.00只，雄性个体平均睾丸下降率为45.00%。

4. 地理分布

四川短尾鼩是一种小型兽类，为中国特有种，在我国主要分布于四川、重庆、云南、贵州、陕西、甘肃、湖北、湖南和台湾等省（自治区、直辖市）。在贵州省主要分布于大方、绥阳、江口、雷山、息烽等地。国外分布于缅甸、越南、老挝。

第三章 农业害鼠防治对策

一、农业害鼠防治策略

根据贵州省主要农业害鼠黑线姬鼠、褐家鼠、黄胸鼠、小家鼠、高山姬鼠等鼠类发生特点及繁殖规律等特性，其防治必须贯彻“预防为主，综合防治”的植物保护工作方针，本着“立足当前，着眼长远，春秋结合，春防为主”的原则，采取“春季主治压基数，秋季挑治保丰收”的防治策略。防治工作应在大范围内室内外同步开展，采取化学药物灭鼠为主，辅助生态、生物、器械、农业防治等措施，大力推广应用毒饵站灭鼠技术、TBS灭鼠技术等绿色防控技术。害鼠低密度时，以生态、人工捕杀或小面积投毒挑治，高密度时或在繁殖期种群数量即将激增时，必须采取大面积连片投放毒饵突击灭鼠。

二、农业害鼠防治适期

农业害鼠防治适期是根据当地害鼠的活动规律、繁殖特征、危害季节、种群年龄结构、种群数量消长规律，并结合耕作制度、作物生育期、气候条件、环境条件、天敌等因素进行综合考虑后来确定的，确定的原则是力求要有较持久的控制作用。从目前来看，农业害鼠的防治适期一般分为策略性防治适期和主害期防治适期。

策略性防治适期是从全年控制害鼠危害出发，抓住害鼠种群数量变动的薄弱环节，它是针对控制害鼠种群数量所确定的。主害期防治适期是为了减轻农作物受鼠害严重危害而选择最适宜的防治时期，在作物主害期内，一般害鼠种群数量达到防治指标，才进行药物防治，它是针对控制农作物严重危害阶段所确定的。

（一）策略性防治适期

根据贵州省主要农业害鼠优势种发生危害及繁殖规律，结合当地的耕作制度和气候特点等因素综合分析，每年春季3月和秋季8月是防治主要农业害鼠的最佳策略性防治适期。

1. 春季3月

贵州3月气温已开始回升，鼠类活动日趋频繁，并开始繁殖，此时灭鼠既能减少春季繁殖量，收到“杀一灭百”的效果，对控制全年的害鼠数量将起很大作用，又可保证春播作物全苗、正常生长，减轻播种期鼠害程度；同时，3月农田鼠粮少，此时处于冬后复苏的鼠类，大量出巢，饥不择食，容易取食毒饵，灭鼠效果好。

2. 秋季8月

8～9月秋收作物日渐成熟，害鼠进入秋季繁殖高峰期，害鼠密度上升，此时灭鼠既可保证秋收作物顺利成熟收获，颗粒归仓，减少鼠害损失，还可起到压低越冬基数，减轻翌年鼠害的作用。

（二）主害期防治适期

根据贵州省农业害鼠发生消长规律与农作物主要受害期的关系，鼠类的主害期防治适期每年一般有三次，第一次在春播前夕，第二次在秋收作物孕穗（结苞、结荚）前夕，第三次在秋收作物成熟期间。农作物的各个生育期，受鼠类的危害程度是不一样的，如水稻主害期一般在分蘖盛期和孕穗至齐穗期，玉米在播种期和果穗灌浆期，小麦在孕穗期。在防治适期确定时，可视其田间鼠害发生的严重程度，结合防治指标来确定，

当田间鼠密度超过防治指标时，应及时作出防治适期预报，做好灭鼠工作的准备。

三、农业害鼠危害损失

根据贵州省水稻孕穗期、玉米播种期、玉米乳熟期、小麦乳熟期鼠密度与鼠害损失率之间的关系调查研究结果，不同作物鼠密度与鼠害损失率的关系见图3-1。不同作物鼠害损失测定计算公式如下：

水稻孕穗期：$Y=1.1591X-2.94$，$r=0.97$，$n=10$，$P<0.01$，式中，X为鼠密度（%），Y为产量损失率（%）。

玉米播种期：$Y=0.5186X+1.0542$，$r=0.9925$，$n=6$，$P<0.01$，式中，X为鼠密度（%），Y为产量损失率（%）。

玉米乳熟期：$Y=0.9185X-0.54$，$r=0.985$，$n=12$，$P<0.01$，式中，X为鼠密度（%），Y为产量损失率（%）。

小麦乳熟期：$Y=0.7356X-1.63$，$r=0.974$，$n=6$，$P<0.01$，式中，X为鼠密度（%），Y为产量损失率（%）。

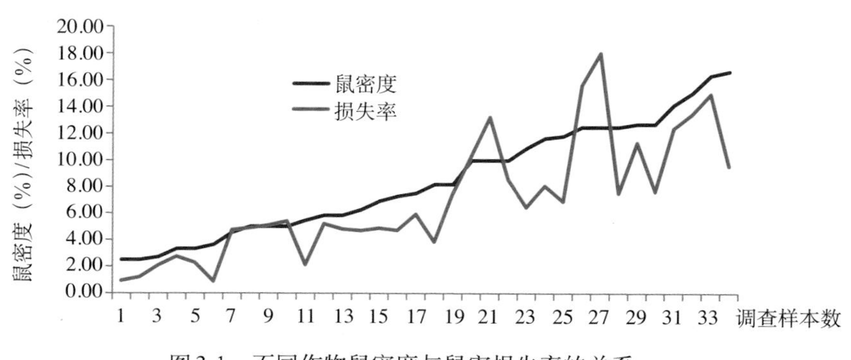

图3-1　不同作物鼠密度与鼠害损失率的关系

将各作物鼠密度（X）与鼠害损失率（Y）的34个调查结果进行相关分析，鼠害损失测定公式为：$Y=0.8818X-0.48$，$r=$

0.835>$r_{0.01}$=0.418，df = 32，P<0.01，说明作物鼠密度与鼠害损失率之间的关系呈极显著的直线正相关，即随着田间鼠密度的增加，作物鼠害损失率也不断增加。在相同鼠密度下，鼠害损失率为水稻＞玉米＞小麦。

四、农业害鼠防治指标

要开展灭鼠工作，首先要知道田间鼠害是否需要防治，经济上是否合算，达到多少鼠密度时才进行防治，于是就提出了一个防治指标问题。害鼠防治指标就是防治适期与主害期经济允许损失的害鼠密度。因此，制订合理的害鼠防治指标，是实行科学药物灭鼠的关键，也是开展害鼠综合防治的基础。

在经济、生态和社会效益的前提下，根据贵州省不同作物产量水平、产品价格、防治费用、防治效果及农户对灭鼠工作的接受能力等因素综合考虑，根据鼠密度与作物产量损失率之间的危害损失测定公式，确定了贵州省水稻、玉米、小麦、甘蔗4种作物的鼠害防治理论指标为：水稻分蘖末期鼠密度为3.13%；水稻孕穗期鼠密度为4.06%；玉米播种期鼠密度为3.91%；玉米乳熟期鼠密度为3.86%；小麦乳熟期鼠密度为6.43%；甘蔗成熟期鼠密度为4.66%，总平均鼠密度为4.35%。

由于害鼠活动范围广、活动性大，且有随作物成熟迁移危害的习性，以各种作物的平均鼠密度作为害鼠防治指标，便于在农业生产中应用。其防治指标为：春季播种期田间鼠密度为4%，秋季作物成熟收获期鼠密度为5%。因此，田间鼠密度4%～5%时，要引起注意，对苗床、制种基地等重点田块做好防鼠灭鼠工作；鼠密度5%以上，要全面组织发动，采取有效措施，普治一次，以减轻鼠害损失，保障粮食丰收。

害鼠的经济防治指标是动态的，它随着作物产量、产品价格、防治费用及防治效果等的不同而改变。因此，不同的生产水平、不同的防治措施都会引起防治指标及防治适期的变化，

故在农业生产上应用时，要因地制宜，视其具体情况，结合所给的资料和计算方法灵活掌握，对于鼠传疾病流行区的防治指标要从严掌握。同时，鼠种构成不同对防治指标也有影响，体型大的鼠种活动性强、食量大、造成损失大，在制定防治指标时，首先必须了解本地区的鼠种组成，对防治时选择对路药剂将起到积极作用。

五、农业害鼠防治配套技术

根据贵州省多年来的农区鼠害监测与防治实践，创造性地提出了一套切实可行的农区鼠类综合防治配套技术，实现了农区鼠害监测和综合防治技术的规范化、标准化，并大面积推广应用，取得了显著的经济、生态和社会效益。

（一）建立农区鼠情监测点

在全省不同生态区建立18个农区鼠情监测点，其中，系统监测点10个：余庆县、息烽县、三都县、安龙县、关岭县、都匀市、瓮安县、岑巩县、大方县、播州区；季节监测点8个：凯里市、雷山县、兴义市、桐梓县、思南县、六枝特区、织金县、石阡县。其中，余庆县、息烽县、三都县、关岭县、大方县为全国农区鼠情监测网点县，建立健全农区鼠害监测网络，形成了一个上下相通、左右相连、反应迅速的鼠情监测网络。按照农区鼠害监测技术规范，推广应用定点（定监测网点）、定人（定测报人员）、定时（定时调查、定时汇报）、定任务（定监测对象、定任务指标）“四定”措施，做到“三个”及时（及时开展田间鼠情调查，及时汇报田间鼠情动态，及时准确发布中、长、短期趋势预报和情报）的农区鼠类监测技术体系。

（二）建立农区鼠害防治示范区

在全省不同生态区建立农区鼠害防治示范区50个（图3-2），

其中，全国灭鼠示范区4个、省级灭鼠示范区14个、市（州）级灭鼠示范区32个，建立和完善区域性农区鼠害防治体系。以毒饵站灭鼠技术、TBS灭鼠技术为核心，辅助粘鼠板灭鼠、鼠夹灭鼠、鼠笼灭鼠、保护鼠类天敌等害鼠绿色防控技术，减少鼠药使用量，推动农药零增长行动。推广应用“贯彻一个方针（认真贯彻“预防为主，综合防治”的植物保护工作方针）、突出两个防治（突出实施以生态灭鼠为基础，化学药物灭鼠为重点的防治）、抓住三个关键（抓住防治适期、药物选择、投饵技术三个技术关键），坚持做到三集中（集中时间、集中人力、集中物力）、五统一（统一指挥、统一组织、统一行动、统一方法、统一配制毒饵）、三不漏（不漏房、不漏间、不漏有鼠外环境）”的农区鼠类综合防治配套技术。

图3-2　贵州省农区害鼠绿色防控示范区

（三）举办农民田间学校

在全省举办鼠害控制农民田间学校（FFS），引入联合国粮食及农业组织（FAO）倡导的参与式、启发式、互动式培训方式，创新培训模式，宣传推广灭鼠技术。通过举办农民田间学校辅导员培训班（TOT），培训辅导员30名，由辅导员在全省举办鼠害控制农民田间学校（图3-3、图3-4），培训农民学员，深受广大人民群众的欢迎，取得了明显成效。2018—2019年在全省共举办鼠害

控制农民田间学校（FFS）25次，培训农民学员751人，学员科学灭鼠技术水平和灭鼠技能得到提高，学员满意率达100%。

图3-3　举办联合国粮食及农业组织（FAO）贵州鼠害控制项目农民田间学校

图3-4　举办贵州省农区鼠害监测防治协作项目农民田间学校

第四章 农业害鼠综合防治方法

农业害鼠的防治一般分为“防鼠”和“灭鼠”两个方面，综合防治方法包括农业防治、物理防治、生物防治、化学防治四种，其中，农业防治体现为“防鼠”，物理、生物、化学防治则体现为“灭鼠”。

一、农业防治

防鼠主要是指生态控制鼠害，防鼠措施又称生态灭鼠法，防鼠是治本的办法，是害鼠综合防治的基础。灭鼠是为了保苗保粮保丰收，防灾防病保健康。但在实际工作中，人们往往只注意灭鼠而忽视防鼠，如果只灭鼠不防鼠或只防鼠不灭鼠都不可能收到良好的防治效果。

生态灭鼠涉及面广，防鼠措施多种多样，是一种综合性的措施，虽然只着眼于防不能直接消灭鼠类，收效较慢，但若与其他防治方法配合进行，会大大提高灭鼠效果，而且可使防治效果更加巩固，可收到事半功倍的效果。防鼠措施主要是破坏害鼠的生存环境和食物条件，创造不利于鼠类栖息、繁殖、取食及迁移活动等的一系列生态控制手段。防鼠措施因鼠而异，环境不同，所采取的措施也不尽相同。

（一）农田害鼠防治措施

通过破坏、恶化鼠类栖息场所，使不利于害鼠生存而预防鼠害的发生，可收到明显的效果。对农田害鼠的防治采取以下措施。

1. 改变栖息环境

结合春耕和夏耕，修整田埂（地埂）、翻耕农田，减少田埂、地头荒角、田间坟地和杂草较多的荒地，尽量少留或不留永久性田埂，从而减少害鼠最适栖息地。在作物生长季节，采取改进作物布局，结合农时进行灌溉，造成不利于害鼠栖息的环境。作物成熟采收时，快收、快运，并妥善储藏，减少被鼠盗食的机会。同时，结合秋种、秋翻、冬闲整地，破坏鼠类越冬场所。

2. 清洁田园，地膜覆盖

清除农田（田边）杂草，毁灭田埂上的鼠洞，可减少害鼠栖息地。采取薄膜覆盖育秧，断绝或减少种子被取食的途径，对控制鼠害发生均有积极的作用。

（二）家栖害鼠防治措施

由于褐家鼠、黄胸鼠、小家鼠3种家栖鼠与人类的关系密切，房舍区是它们栖息、活动和繁殖的主要场所之一。因此，只要减少害鼠的居住环境，减少食物来源，就可以减少其数量，从而减轻其危害。可以采取以下措施来改变害鼠生存环境，控制室内害鼠的发生。

1. 做到卫生整洁

养成良好的卫生习惯，不乱丢生活垃圾，减少害鼠的食物来源。同时要做到室内外整洁，破坏害鼠的栖息场所。

2. 改良建筑，修建粮仓

建筑房屋时，地基、墙壁、地面都应注意防鼠。地基应打1米深，墙基应高0.5米以上，地面要砸实，有条件的可用砖或水泥铺垫，门框、窗框应坚实平滑。修建粮仓也可以减少害鼠的食物来源。

3. 安装防鼠设施

对于农贸市场、宾馆、饭店、食品商场、食品仓库、酿造厂、粮库等重点单位和一般单位的重点场所（厨房、餐厅、储藏室）必须安装挡鼠板，木门下缘包铁皮30 ～ 60厘米，门缝隙小于0.6

厘米。地下室和第一层楼的窗户、通气孔、排风口、下水道及各种管道口必须安装网眼直径小于1.3厘米×1.3厘米的铁丝网（防鼠网），封闭室内与外界相通的洞、缝。

二、物理防治

物理灭鼠法又称为器械灭鼠法，在长期的灭鼠实践中，人们不断创新，创造出很多种灭鼠器械和方法，可针对不同害鼠利用不同的器械进行捕杀，对捕杀室内害鼠和大面积灭鼠后的残留鼠将起到一定的控制作用。器械灭鼠方法的优点是简便、节约粮食、诱饵灵活、害鼠易上当、清理死鼠容易，对人、畜、禽安全，是目前广泛采用的灭鼠方法。常用捕鼠器械种类、使用方法及注意事项简介如下：

（一）常用捕鼠器械种类及使用方法

捕鼠器械的种类很多，约有二三百种，大都是利用力学平衡原理和杠杆作用制造出来的。大致可分为夹类、笼类、压板类、刺杀类、套扣类和水淹类。如常用的捕鼠器械有鼠夹、鼠笼、竹套等。随着科学技术的进步，现代灭鼠法中又有电子捕鼠器和粘鼠法等新方法。

1. 鼠夹

鼠夹是常用的捕鼠工具，室内、野外均可使用。国内常见的有木板鼠夹（图4-1）和铁板鼠夹（图4-2）两种，木板鼠夹大小17厘米×7厘米，铁板鼠夹大小12厘米×6.5厘米或15厘米×8厘米。使用原理是利用弹簧的张力弹压作用，夹住盗食饵料的鼠类，鼠夹制作简单，携带、使用方便，适于室内和野外捕杀多种鼠类（图4-3），也是目前鼠情监测常用的调查工具。使用时，鼠夹应放在鼠洞口、鼠路上和害鼠经常活动的地方，鼠夹放置应与鼠道垂直，室内一般每15米^{2}房间放鼠夹1个，农田每5米放1个，诱饵一般可用花生仁、甘薯块或胡萝卜丁、油条、烙饼等，也可用苹

果丁、熟肉，诱饵一定要新鲜。捕到的鼠类从鼠夹上取下，集中焚烧或深埋，死鼠不能乱扔，捕到过老鼠的鼠夹，用废纸擦去血污，用热水清洗，在太阳下暴晒后即可再使用。

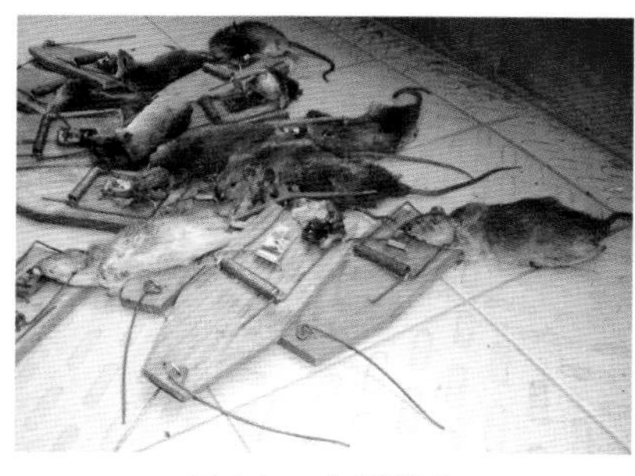

图4-1　木板鼠夹

图4-2　铁板鼠夹

图4-3　室外、室内布放的鼠夹

2. 鼠笼

鼠笼是常用的捕鼠工具，形式多样，用铁丝编制而成（图4-4），其特点是使用安全，对人、畜无危害，捕鼠效率高。一般常见的有矩形鼠笼、倒须捕鼠笼等。使用原理是利用较粗的铁丝作前面的柄，后面有一挂钩，将柄轻轻挂住，牵制活门敞开，当害鼠进入盗食时，牵动挂钩，门即关闭，门闩滑下，将口封死。只要害鼠进入鼠笼、就可被活捕（活捕型），只要轻轻触动击鼠器踏板，即被击杀（击杀型）。鼠笼在室内或野外均可使用，鼠笼上的诱饵要新鲜，应是鼠类爱吃的食物，使用时，应放在鼠类经常活动的地方。一般第一个晚上害鼠不易上笼，因害鼠在对食物的取食上有“新物反应”，2 ~ 3天后上笼率会提高。

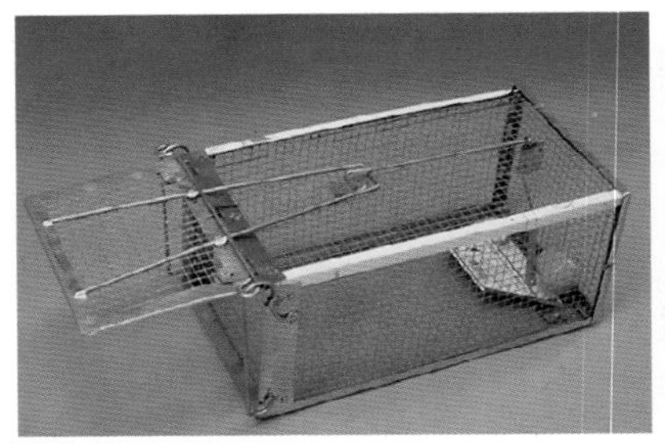
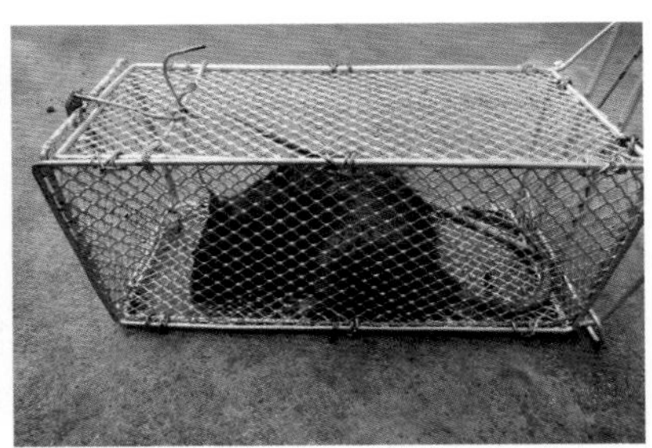

图4-4 鼠 笼

3. 竹套弓

在贵州省从江县、榕江县、黎平县等地使用相当普遍，为侗族人民常用的一种捕鼠工具，捕获率一般达20% ~ 60%，有时一个竹套弓可以套着2只老鼠。制作方法简便，尺寸大小可依捕捉对象而异，常用的一种规格是：长90 ~ 100厘米，竹条厚0.5厘米，宽1厘米，可捕捉体重20 ~ 350克的老鼠。竹套弓主要由弓背、套圈、套绳和机动棍等4部分组成（图4-5）。

4. 竹弓弹夹

在竹筒上安一个竹弓，竹弓的一头固定在竹筒的一端，另一头钉上诱饵，按入打鼠槽内，灵活地绊在槽底上。当老鼠进到打鼠槽里拉动诱饵时，竹弓被拉脱出，猛一伸开，直接射向老鼠，老鼠可被打死且会被夹住（图4-6）。

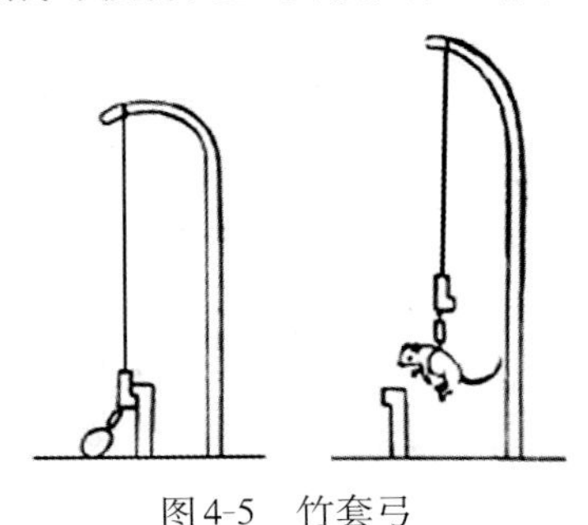

图4-5 竹套弓

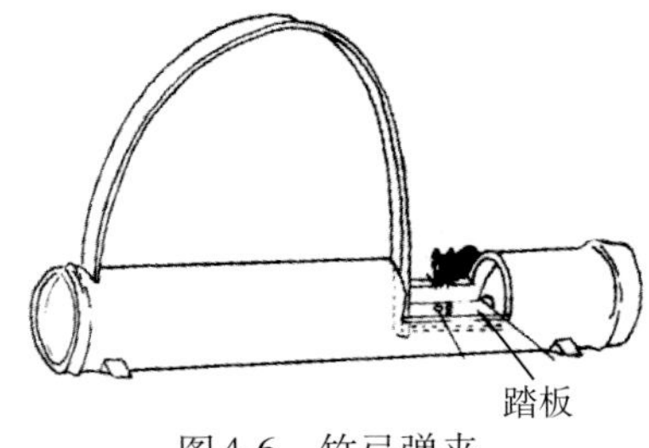

图4-6 竹弓弹夹

5. 碗扣

称为碗扣鼠法，适于捕获小家鼠。用一个大碗的碗边搭在反扣于地面或桌面的小酒杯底部，酒杯口下压一粒花生米或其他粮食粒（图4-7）。当老鼠咬食诱饵时，酒杯稍一活动，大碗即将整个小杯和老鼠扣在里面，然后转动大碗，待鼠尾部露出时，用力压住，并将其拖出处理。

6. 压板

这是民间使用比较广泛的灭鼠法，在室内、房前屋后、场院、草垛、库房等处均可使用，只要用一支架支撑起（或吊起）石板、木板、宽砖等重压板，并在支架上放置好诱饵，当鼠类取食诱饵时，触动支架，重物即落下，将鼠压死（图4-8）。

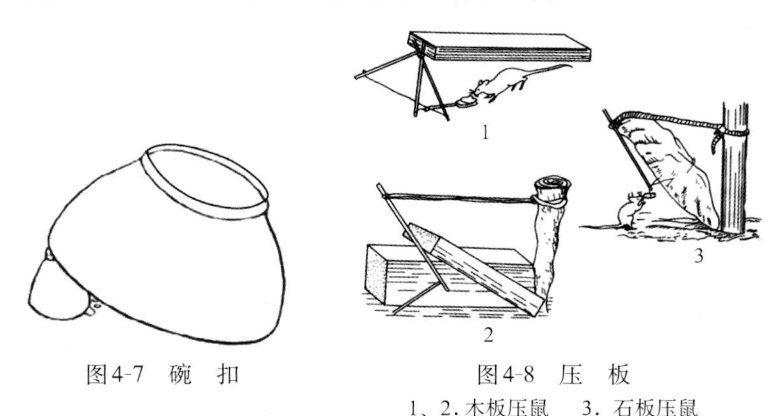

图4-7　碗　扣

图4-8　压　板
1、2. 木板压鼠　3. 石板压鼠

7. 跷跷板

跷跷板灭鼠具有操作简单、安全有效的优点。制作材料为具有防水性能的木塑板，长约30厘米，宽约8厘米；一只水桶，水桶边缘的卡扣直径需要3.6厘米左右，高60厘米以上，在桶内装半桶水；一块条状木板或硬纸壳，宽度略小于木塑板。使用时，把跷跷板卡在水桶口的边缘上，将一块条状木板或硬纸从地面呈爬坡状与跷跷板紧密连接起来，将诱饵放入捕鼠器饵料区（图4-9），诱饵可选用花生仁、瓜子、甘薯、猪皮、油炸食品等害鼠喜欢吃的食物。

图4-9　跷跷板

8. 砖头

用一颗葵花籽或南瓜籽等诱饵放在一块砖头下面，将砖头放置成与地面呈45°（图4-10），放在害鼠经常活动的地方，害鼠取食诱饵时，砖头可将害鼠压住，方法简单有效。

9. 围栏

利用围栏灭鼠在我国广东、海南、贵州等地使用较多，特别是在作物播种期、育苗的苗床以及经济作物种植区使用，灭鼠效果很好。用塑料薄膜在田间围成一个封闭的围栏（图4-11），围栏长度根据田间地形、作物种植面积确定，可有效防止害鼠进入作物种植区，达到防治害鼠的效果。

图4-10　砖　头

图4-11　围　栏

10. 电子猫

电子猫是一种特制的、带高压电的捕鼠器械，是近年来发展

起来的捕鼠工具。电子猫能像猫那样眨眼和发威，并发出特殊的超声脉冲，刺激鼠类、蟑螂的神经，使其无法忍受而逃离。本品对人和家电无不良影响，直接插在220V电源插座上，使用方便。但电子猫的使用受电源的限制，而且每台装置的应用空间不大。因此，一般只适于室内如粮仓、厨房等地灭鼠，在野外灭鼠难度较大。电子猫一般布放在鼠类经常活动的地方效果较好，在使用过程中，一定要注意安全。

11. 粘鼠板

粘鼠板是一种常见的捕鼠工具，通常是硬纸板上有强力胶水，当老鼠等鼠虫经过时，就会被粘住，具无色无味、安全、环保等特点，使用简便安全。主要用于捕捉体型较小的鼠类，在市场上可以买到，也可自制。自制方法：用1份松香与1份蓖麻油（或桐油）混合后加热熬成胶状物即可，然后将黏胶涂在硬纸板或木板上。纸板或木板的尺寸可以根据情况确定，一般大小为33厘米 ×21.5厘米，涂胶厚度为0.2厘米左右（图4-12）。当鼠接触到粘鼠胶时，便被粘住，被粘的鼠类通常会发出叫声，不必理会，其他鼠类仍会前来。使用时将粘鼠板放在鼠类的通道和它们经常活动的地方，并在粘鼠板的中央放上诱饵。

图4-12 粘鼠板

（二）器械灭鼠的注意事项

1. 布放地点和位置

一般在室内布放，应放在洞口附近或鼠类经常活动的地方，如厨房的灶脚、粮仓的墙脚、堆积物旁以及猪牛圈旁等；在农田可沿田埂、渠道、沟边等布放。

2. 布放时间

大多数害鼠属夜出活动类型，家栖害鼠多在夜深人静时才出洞活动，农田害鼠则往往在晨昏时活动最频繁。因此，捕鼠器械的布放时间应掌握在鼠类活动高峰期到来之前，一般晚放晨收。

3. 饵料选择

鼠类的食性广，不同的鼠种，不同的季节，所嗜食的食物不同，一般应选择鼠类喜欢吃而当地又容易得到的食物作饵料，如花生仁、甘薯块、瓜果、蔬菜等。

4. 捕鼠器械的数量要足

这样在田边山间给害鼠布下天罗地网，害鼠有足够的机会遇到捕鼠器械而被捕获，达到控制其数量增长的目的。一般捕鼠后，器械上往往沾有老鼠血迹和排泄物等，会影响下一次捕鼠效果。因此，应用开水洗净或太阳晒等方法进行处理。

三、生物防治

生物灭鼠法是指利用鼠的天敌捕食鼠类或利用有致病力的病原微生物消灭老鼠以及利用外源激素控制鼠类数量上升的方法。在过去的灭鼠过程中，人们多侧重于化学药物防治，在农田灭鼠中确实也起到了举足轻重的作用，但给人类也带来了一些影响，如环境污染，人、畜、禽中毒等。一般来说，生物灭鼠法无副作用，防治害鼠的持续时间长，可节约人力、物力，也有利于维持生态平衡，是灭鼠工作中重要的内容之一。

（一）利用天敌灭鼠

主要是利用自然界存在的某些食肉目小兽类或某些鸟类控制消灭害鼠。害鼠的天敌种类很多，主要是指以害鼠为主要食物的食肉类动物，如家畜类中的猫、狗等，肉兽类中的黄鼠狼、狐狸

等，猛禽类中的猫头鹰、鹰等，爬行动物中的菜花蛇、游蛇、锦蛇等。鼠类的天敌每年可捕食大量鼠类，据统计，1只猫头鹰一个夏天可捕食1 000多只仓鼠、跳鼠、小家鼠，甚至还可以捕食黄鼠；在家养条件下，1条1千克重的五步蛇，能一连吞食7只老鼠。因此，应当保护利用天敌，充分发挥天敌灭鼠的作用。

养猫灭鼠是广大农村人民群众经常采用的灭鼠方法，该方法历史悠久，群众容易接受。俗话说："一家有猫，四邻安宁"，一只健壮的成年猫，每天平均可捕鼠3～5只。据黔南布依族苗族自治州调查，一般养猫户鼠密度为7.8%～9.0%，平均每户有鼠7.5只左右，无猫户鼠密度为12%～20%以上，户均有鼠12.5～15只以上。近年来，在广东广州、中山、东莞、江门等市推广应用家猫野化控鼠技术（图4-13），以猫治鼠，取得明显效果，示范区害鼠捕获率维持在2.41%～3.03%，比放猫前的11.11%下降78.31%～72.73%，鼠迹阳性率由62.96%下降到18.10%，鼠迹指数由34.07下降到7.05。因此，各地可大力推广养猫治鼠技术。

图4-13　养猫灭鼠

（二）利用致病微生物灭鼠

主要是利用对人、畜无毒而对鼠有致病力的病原微生物灭鼠。这种方法要求条件很严格，目前国内研究进展较慢。控制鼠类的微生物主要指一些能使鼠类致病的病原微生物，如肉毒梭菌。

总之，生物防治只能在一定范围内减少害鼠的数量，降低鼠密度，在大面积鼠害猖獗发生时，天敌的作用远远不能控制害鼠的危害，所以，只能因地制宜，保护利用自然资源进行综合防治。

四、化学防治

化学灭鼠法又称药物灭鼠法或毒饵灭鼠法，是目前国内外防治害鼠应用最为广泛的方法，也是当今世界各国鼠害防治的基本途径。从未来鼠害防治的发展趋势来看，无论城市、农村，还是鼠害严重的农田区，化学灭鼠仍是鼠害综合治理的主要手段之一。它突出的优点是成本低廉、方法简单、灭效高、见效快，无论在害鼠大量发生危害以前，还是已经大量发生危害时，化学药物灭鼠都可及时收到显著的防治效果。其缺点是有些鼠药使用不当易污染环境，使用不慎或保管不当，会引起人、畜、禽中毒。化学灭鼠法在鼠害综合治理中占有重要的地位。这里主要介绍几种常用杀鼠剂、杀鼠剂选择的原则、饵料的选择、毒饵的配制方法、投饵方法、灭鼠注意事项以及中毒急救方法等方面的内容，供各地在灭鼠工作中参考应用。

（一）常用杀鼠剂

用于防治有害啮齿类动物的化学药剂称为灭鼠剂，主要是指配制毒饵的胃毒剂。杀鼠剂一般可分为急性杀鼠剂、慢性杀鼠剂、熏蒸剂、驱鼠剂和不育剂。

急性杀鼠剂是指鼠类进食毒饵后在数小时至1天内死亡的杀鼠剂，这类杀鼠剂的优点是作用快、粮食消耗少，但它们对人、畜、禽不够安全，容易引起二次中毒，同时在灭鼠过程中鼠类死亡之前反应较激烈，易引起其他鼠的警觉，故灭效不及慢性杀鼠剂。这类杀鼠剂有磷化锌、氟乙酰胺、甘氟、毒鼠磷、溴代毒鼠磷、溴甲灵、敌溴灵等，其中，氟乙酸胺和毒鼠强、甘氟由于毒性强，无特效解毒剂，很容易引起人、畜、禽中毒，国家已经明令禁止使用。

慢性杀鼠剂是指鼠类进食毒饵数天后毒性才发作的杀鼠剂，一般在投毒后3～5天才出现中毒死鼠，而且万一人、畜、禽中毒有特效的解毒剂。慢性杀鼠剂也叫抗凝血杀鼠剂，从20世纪60年代以来开始试制并应用，目前使用最广的有敌鼠钠盐、氯敌鼠、杀鼠迷、溴敌隆、大隆、鼠得克、杀鼠灵等。其优点是中毒缓慢，药力发作前绝大多数害鼠可吃够致死剂量，因而杀灭彻底，灭鼠后害鼠种群数量回升速度慢，使用安全，无二次中毒现象。缺点是耗饵量大，有些需多次连续投饵，才能达到良好效果。熏蒸剂和驱鼠剂只在特殊环境中使用，而不育剂尚在试验阶段。

慢性杀鼠剂的种类很多，下面主要介绍几种常用杀鼠剂。

1. 杀鼠迷

杀鼠迷属第一代抗凝血杀鼠剂，纯品呈黄色结晶粉末，溶于丙酮和酒精。具有慢性、高效、广谱、适口性好、有一定引诱作用等特点，二次中毒危险性小。使用浓度为0.037 5%～0.05%，需连续投药3～4天，可以防治黑线姬鼠、褐家鼠、黄毛鼠等。

2. 溴敌隆

溴敌隆属第二代抗凝血杀鼠剂，纯品为白色结晶粉末，溶于酒精等有机溶剂。具有作用慢、不易引起鼠类警觉、容易全歼害鼠的特点，对人、畜、禽毒性小，无二次中毒现象。溴敌隆剂型较多，有0.5%母粉、0.05%母粉、0.5%母液、0.005%毒饵等，使用浓度为0.005%，对各种鼠类有较高的毒杀效果，是目前使用较多的杀鼠剂之一。

3. 溴鼠灵

溴鼠灵属第二代抗凝血杀鼠剂，原药为白色至灰色结晶粉末，经加工制成母液，母液配粮食制成灭鼠毒饵。溴鼠灵可抑制凝血酶原形成，提高毛细血管通透性和脆性，使鼠出血致死，所以无二次中毒现象，一般老鼠死亡高峰期为3～5天，适合各种环境下灭鼠使用。溴鼠灵毒力强，对抗性鼠种有效，适口性好，具有急性和慢性杀鼠作用。用于防治野栖鼠和家栖害鼠。溴鼠灵母液含量为0.5%，加水稀释10倍制成药液，再加入重量相当于药液10倍的粮食混合风干即可。

4. 大隆

大隆属第二代抗凝血杀鼠剂，纯品为黄白色结晶粉末，溶于酒精等有机溶剂。靶谱广，毒性强，兼有急性和慢性杀鼠剂的优点。使用浓度为0.001%～0.005%，对各种害鼠有较高的毒杀效果，是目前最理想的杀鼠剂之一，但对人、畜的急性毒性很大。

（二）杀鼠剂选择的原则

使用化学杀鼠剂进行大面积灭鼠工作，是目前行之有效的灭鼠手段之一。要获得很好的防治效果，尽快降低鼠密度，减少鼠害损失，首先必须正确选择杀鼠剂。杀鼠剂的选择应遵循以下原则：

1. 毒力强、适口性好

对鼠类的毒性要高，急性毒力要强，按国际标准LD_{50}应在1～99毫克/千克。毒饵摄食系数应大于0.5。

2. 使用安全，灭鼠效果高

在实际使用浓度下，对人、畜、禽安全，没有蓄积毒性，对植物没有内吸性，生物降解快，无致畸、致癌作用；二次中毒的危险性小，保护天敌，不污染环境，有特效的解毒剂和中毒治疗方法。一般认为灭鼠效果达到90%为理想效果，灭鼠效果在80%以上为良好，灭鼠效果达到70%为一般，灭鼠效果低于50%则效果较差或基本无效果。

3. 价格便宜，"三证"齐全

毒饵的配制和使用方便，消耗饵料少、药剂价格便宜。农药登记证号、农药生产许可证号和产品质量标准号"三证"齐全。

4. 严禁使用毒鼠强等急性剧毒鼠药

毒鼠强、氟乙酰胺、氟乙酰钠、甘氟、毒鼠硅等急性剧毒杀鼠剂属国家明令禁止使用的杀鼠剂，由于其毒性相当于氰化钾的100倍，砒霜的300倍，5毫克即可致人死亡，人口服中毒后多于2小时内死亡；在植物体内可长期残留，对生态环境可造成长期污染，鼠药毒死的动物仍可导致二次中毒。因此，严禁使用毒鼠强等急性剧毒鼠药。同时，也严禁使用个体商贩销售的自制“药粉”“药水”“毒饵”等无名称鼠药。

在选择杀鼠剂时，除选择杀鼠剂原药配制毒饵外，也可直接选用杀鼠剂商品毒饵，如0.005%溴敌隆毒饵、0.005%溴鼠灵毒饵（图4-14）、0.037 5%杀鼠迷毒饵等。商品毒饵具有使用方便、不需配饵的优点，易于被群众接受，适宜农村和农业生产中大面积推广使用。

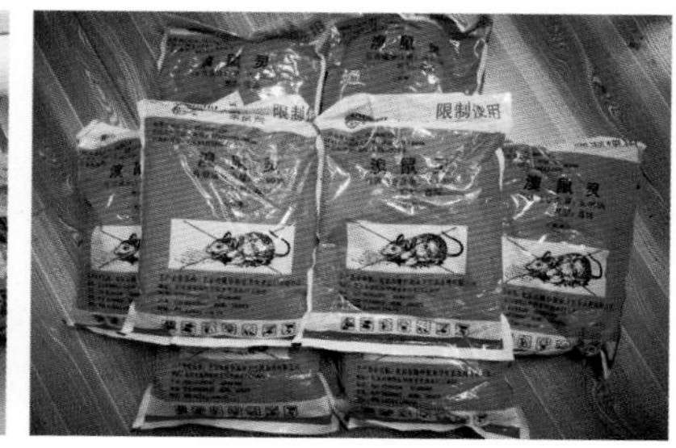

图4-14　溴敌隆商品毒饵

（三）饵料的选择

灭鼠剂原药不能直接使用，需要同饵料拌成适宜浓度的毒饵，鼠类才取食。所以，选择好灭鼠剂以后，饵料选择是关键。饵料对灭鼠效果的好坏影响很大，最好选择数量多、来源广、成本低、不易变质，便于加工、贮存、运输和使用方便的食物作饵料。

1. 根据防治对象选择饵料

家栖害鼠食性杂，各种食物均可作饵料；仓鼠科的害鼠喜吃植物种子和粮食，饵料应以谷物为主；草食性鼠类则用草颗粒作饵料效果更好；室内褐家鼠、黄胸鼠爱吃剩饭、肉类、瓜菜等；小家鼠爱吃小粒粮食、面粉等。

2. 根据灭鼠季节选择饵料

鼠类的喜食性往往随季节变化而变化，一般春季爱吃作物、蔬菜、树的种子；夏季爱吃青苗、果实、瓜果等；秋季爱吃薯类、嫩穗、果穗等；冬季爱吃不冻饵料。

3. 根据灭鼠环境选择饵料

在食源丰富的地方，选择该环境中没有或少见的食物作饵料，在食物缺乏的地方，用害鼠喜吃的食物作饵料即可；在粮仓等缺水环境下灭鼠，宜用含水量多的瓜果作饵料。

总体来讲，饵料一般选择稻谷、大米、玉米粒、小麦粒、薯块等害鼠喜吃食物，在毒饵中加入少量食盐、植物油、糖类等，会增强鼠类适口性，可以提高防治效果。

（四）毒饵的配制方法

毒饵配制方法的总体原则是鼠药与饵料混合要均匀，相互不产生化学反应。毒饵是杀鼠剂进入鼠体的主要途径，一种理想的毒饵应具备防潮、防腐、适口性好、易于拌匀、投放方便等特点，才能发挥最大的效力。一般来说，害鼠对慢性杀鼠剂的适口性很好，配制毒饵时按照杀鼠剂的使用浓度与饵料混合即可。

1. 0.005%溴敌隆毒饵

用稻谷或大米做饵料，溴敌隆使用浓度为1 ： 100。先用0.5%溴敌隆水剂1千克对温热水10千克，充分搅拌倒入100千克饵料中拌匀，待药被吸干后，用塑料薄膜覆盖闷堆30分钟，然后摊开晾干，即成0.005%溴敌隆毒饵（图4-15）。

图4-15　配制的溴敌隆毒饵

2. 0.037 5%杀鼠迷毒饵

杀鼠迷使用浓度为1 ∶ 19。用0.75%杀鼠迷粉剂1千克，饵料19千克，加入适量的水充分拌匀，晾干后即成0.037 5%杀鼠迷毒饵。

毒饵配制时，可适量加入红墨水着警戒色，毒饵着警戒色的主要作用，一是起警戒作用，以免误食；二是可检查毒饵是否拌均匀；三是便于鉴别某些家禽、家畜发生中毒事故的纠纷处理。

同时，毒饵配制时，可加入少量水泥研制成水泥灭鼠毒饵，其配方为：大米45%、芝麻20%、花生仁15%、水泥20%，混合拌匀即可。

（五）投饵方法

广大农村灭鼠时，主要是使用裸露投饵法投放毒饵，投饵时室内外要同步投放毒饵，家鼠、野鼠一起消灭。稻田、旱地耕作区采用控制毒饵覆盖面，一次性饱和投饵法。稻田按照自然田块，在鼠洞、草堆、坟地、田埂或沟渠边及稻田附近的鼠类活动场所投饵一圈，形成保护圈；山坡旱地以耕地为中心设置保护区，重点投药防治。住宅区采用连续多次投饵法，对猪栏、牛圈、粮仓、厨房以及鼠类经常活动的地方重点投药，对村庄附近50 ～ 100米内的田埂、草堆、石缝等有鼠环境也必须投药，形成防治保护圈。

稻田、旱地耕作区投饵实行少放多堆原则，投饵量一般每亩150 ～ 200克，每5米一堆，每堆3 ～ 5克（图4-16）。住宅区按每房间（15米^2）投饵2 ～ 3堆，每堆5 ～ 10克，投药后第2 ～ 3天根据鼠类取食情况进行补充，补充饵量按照“多吃多补、少吃少补、不吃不补、吃光加倍”的原则进行投放，做到村不漏户、户不漏间、不漏有鼠外环境，形成天罗地网，达到全方位灭鼠的目的。

图4-16　田间裸露投饵法投放毒饵

（六）灭鼠注意事项

（1）将有毒物品与无毒物品严格分开，并将所需用的工具、容器、分装及投药器材注明有“毒”字样。

（2）灭鼠毒饵要专人保管，单独发放，在投药时，不能用手直接接触，投药时不进食、不饮水、不吸烟。投药结束后一定要洗手，剩余的毒饵，一律妥善保管，不能随意加大投放量，更不能随地乱放。

（3）农田投放毒饵区域应设立鼠药投放警示标志，投放鼠药投放警示旗（图4-17、图4-18），禁止放养家禽、家畜；农舍投放毒饵要保管好食品、饲料、水源和畜禽。灭鼠后对死鼠要及时搜寻、清理，集中深埋处理，防止污染环境，确保人、畜、禽和生态环境的安全。

图4-17　鼠药投放警示标志、鼠药投放警示旗

图4-18　田间鼠药投放警示旗

（4）投饵期间应配备相应的解毒药剂，如发现误食中毒应及时就医，可注射维生素K_1。

（七）中毒急救方法

对抗凝血慢性杀鼠剂中毒的急救，采取经口毒物中毒的一般救治措施，如催吐、洗胃、灌服活性炭、导泻及综合对症治疗。杀鼠剂中毒时，一是对误食已有1天以上的患者，应测定血浆凝血酶原时间，若凝血酶原时间延长，应肌肉注射维生素K_1，成人每千克体重5毫克，儿童每千克体重1毫克，24小时后再测凝血酶原时间，再肌肉注射维生素K_1，剂量同前。二是对出现症状并伴有低凝血酶原血症的患者，每日肌肉注射维生素K_1，成人每千克体重25毫克，儿童每千克体重0.6毫克，达到出血症状停止。抗凝血杀鼠剂包括敌鼠钠盐、氯敌鼠、杀鼠酮钠盐、杀鼠灵、杀鼠迷、溴敌隆、大隆等。由它们配制成的毒饵误食中毒都可用上述方法解毒，只能用维生素K_1，不能用维生素K_3。特别注意急性杀鼠剂误食中毒，由于没有特效解毒剂，宜马上到当地正规医院就医，并提供误食的原药样品及包装物。

第五章 毒饵站灭鼠技术

一、毒饵站的含义

毒饵站是指鼠类能够自由进入取食而其他动物（如鸡、鸭、猫、狗、猪等）不能进入或取食且能盛放毒饵的一种装置（图5-1）。2000年研制开发了具有自主知识产权的灭鼠毒饵投放装置（毒饵站），该“灭鼠毒饵投放装置”获得国家专利。同时，毒饵站灭鼠技术获2002—2003年度联合国粮食及农业组织（FAO）最高奖——爱德华·萨乌马奖，为中国首次获得该奖项，是世界上第6个获奖国家。毒饵站灭鼠技术作为农区鼠害可持续治理技术之一，因其具有高效、安全、环保、持久等优点，已在全国30多个省（自治区、直辖市）农区灭鼠中得到了广泛的应用（图5-2），得到了农户广泛认可。全国各地研制开发了不同类型的毒饵投放装置，集成了高效、安全、经济、环保、持久的毒饵站灭鼠技术，创新了农田灭鼠的投饵技术，解决了我国农区安全使用药物灭鼠

图5-1 田间灭鼠毒饵站

图5-2 毒饵站灭鼠推广应用

的技术关键，形成了以毒饵站灭鼠技术为核心的农区鼠害综合防治技术体系。

贵州省2003年率先在余庆、息烽、思南等县开展毒饵站灭鼠试验示范研究，2004年在全省18个县（市、区）示范推广应用，建立毒饵站灭鼠示范区，2005年以来在全省建立50个毒饵站灭鼠示范区，进行大面积推广应用，取得了显著效果。同时，也研制开发了不同类型的毒饵投放装置（图5-3），改进了灭鼠投饵技术，形成了一套切实可行的毒饵站灭鼠技术规范，实现了灭鼠技术向安全、环保、高效方向迈进。

图5-3　贵州省研制开发的不同类型毒饵投放装置

二、毒饵站灭鼠的优点

贵州省在过去农田灭鼠中，一般在春、秋两季采用传统的裸露投饵法投放毒饵，由于南方雨水较多，裸露投放在田间的毒饵易受潮而发生霉变，导致害鼠拒食，影响防效。同时又有大量毒饵残留在田间，造成环境污染，非靶标动物也容易误食中毒。通过各地多年来的试验示范研究，毒饵站灭鼠与传统的裸露投饵法灭鼠比较具有以下优点。

（一）对人、畜、禽安全

毒饵站灭鼠避免了其他非靶标动物取食毒饵而中毒，特别是儿童、禽、畜不易接触到毒饵，在毒饵站灭鼠示范区未发生人、畜、禽中毒现象，提高了灭鼠的安全性。

（二）节约灭鼠成本

毒饵站灭鼠毒饵不被雨水冲刷，不易受潮霉变，可长久发挥药效，经统计，在放置100天后毒饵发霉变质的毒饵站仅占4.8%，其余毒饵站中的毒饵没有生霉发芽，仍然有效，而裸露投放毒饵，毒饵通常在1周内因生霉、发芽而失效；毒饵站灭鼠投饵量为裸露投饵法投饵量的30%左右，裸露投放毒饵灭鼠所用粮食是毒饵站灭鼠的3.2倍，所用资金是毒饵站灭鼠的3.4倍，毒饵站灭鼠大大节约了饵料，降低了防治成本。

（三）不造成环境污染

在常年大面积灭鼠中，采用裸露投饵法投放毒饵，除鼠类消耗毒饵占6.67%～13.33%外，剩余85%左右的毒饵残留在土壤中，对环境造成污染；而使用毒饵站灭鼠，能减少田间残留毒饵，不仅投饵量大大降低，且剩余的毒饵继续发挥作用，不污染环境。

（四）取材方便、制作简单、成本低

由于毒饵站取材方便、制作简单、成本低，该技术在推广过程中易被人们接受，且可长期投放，重复使用，毒饵可持续发挥作用，对害鼠进行长期控制。

三、毒饵站制作方法

（一）毒饵站的类型

贵州省在农区灭鼠中，研制开发了不同类型的毒饵站，主要有竹筒毒饵站、PVC管毒饵站、塑料毒饵站、矿泉水瓶（饮料瓶）毒饵站、纸筒毒饵站、花钵毒饵站、筒瓦毒饵站和水泥毒饵站等

（图5-4）。

图5-4 不同类型毒饵站现场展示

不同类型毒饵站取材不同，其优缺点也不同。PVC管毒饵站使用的管材取材方便，价格便宜，每个毒饵站成本2.5元左右，制作的毒饵站不易破裂，而且美观、实用，群众容易接受；竹筒毒饵站因长期日晒雨淋，容易出现竹筒破裂现象，影响防雨防潮。因此，在竹材匮乏的地区，应用PVC管毒饵站统一灭鼠更具有推广价值。矿泉水瓶（饮料瓶）毒饵站也具有取材方便，成本低，而且可以变废为宝等优点，但也存在矿泉水瓶比较轻，容易破损，使用寿命短等缺点。因此，各地可根据当地实际情况，研制开发不同类型的毒饵站灭鼠装置。

（二）毒饵站制作方法

1. 竹筒（PVC管）毒饵站

制作材料为当地产的竹子，直径5 ~ 6厘米；PVC管毒饵站制作材料为市场上销售的PVC管材，直径5 ~ 6厘米，PVC管是一种常见的塑料管，具有强度高、耐腐蚀等优点。制作时，室外毒饵站将竹子（PVC管）锯成45厘米长的竹筒（PVC管），把竹节中间打通，竹筒（PVC管）两头各留5厘米长的“耳朵”防雨，用铁丝做两个固定脚架作支架，耳朵朝下，将铁丝脚架插入田埂，离地面3厘米左右，以免雨水灌入（图5-5）；室内毒饵站直接将竹子（PVC管）锯成30厘米长的竹筒（PVC管），打通竹节即可

(图5-6)。制作的竹筒毒饵站、PVC管毒饵站见图5-7，田间投放的竹筒毒饵站、PVC管毒饵站见图5-8、图5-9。

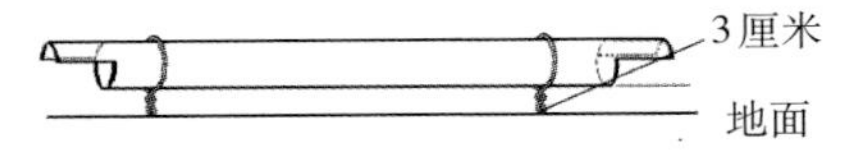

图5-5 室外竹筒（PVC管）毒饵站示意

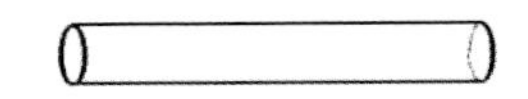

图5-6 室内竹筒（PVC管）毒饵站示意

图5-7 制作的竹筒（PVC管）毒饵站

图5-8 田间投放的竹筒毒饵站

图5-9 田间投放的PVC管毒饵站

2. 筒瓦毒饵站

筒瓦毒饵站直接用农村盖房用的筒瓦，将筒瓦二片合起来用铁丝扎紧即可（图5-10）。

图5-10　田间投放的筒瓦毒饵站

3. 塑料毒饵站

制作材料为塑料，颜色有黑色或绿色。外形尺寸长235毫米，宽80毫米，高80毫米，圆弧尺寸75毫米，洞口尺寸宽75毫米，高80毫米，踏板距洞口外边尺寸50毫米，踏板高度18毫米，定位销尺寸距外型端面25毫米（图5-11）。本产品由北京市隆化新业卫生杀虫剂有限公司生产。田间投放的塑料毒饵站见图5-12。

图5-11　制作的塑料毒饵站

图5-12　田间投放的塑料毒饵站

4. 矿泉水瓶（饮料瓶）毒饵站

制作材料为使用过的矿泉水瓶（可口可乐等饮料瓶），直接把两端去掉，用铁丝把两端固定，铁丝留15厘米用于插入地下，矿泉水瓶（可口可乐等饮料瓶）距地面3厘米左右（图5-13）。

图5-13　田间投放的矿泉水瓶、饮料瓶毒饵站

5. 花钵毒饵站

将口径为20厘米左右的陶瓷花钵（或废旧的花盆）的上端边缘敲开一个缺口，缺口口径在5～6厘米之间，翻过来后扣在地面即可（图5-14、图5-15）。花钵毒饵站主要适用于房舍区灭鼠。

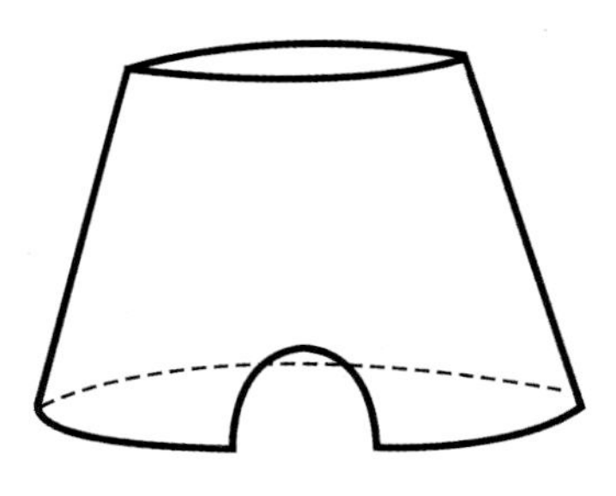

图5-14　花钵毒饵站示意

图5-15　田间投放的花钵毒饵站

6. 纸筒毒饵站

用废纸筒制作而成，长30厘米，口径为5～6厘米（图5-16）。纸筒毒饵站主要适用于农田区和农舍区灭鼠。

7. 水泥毒饵站

用水泥制作而成，长20 ~ 25厘米，高10 ~ 12厘米，口径5 ~ 6厘米（图5-17）。水泥毒饵站主要适用于农舍区和农田区灭鼠。

图5-16　室外投放的纸筒毒饵站

图5-17　室内投放的水泥毒饵站

8. 瓦筒毒饵站

用黏土制成，长度40厘米，内径10厘米，内呈圆柱形，经窑高温烧制而成（图5-18）。主要适用于农田区和农舍区灭鼠。

9. 喉管状PVC软管毒饵站

用内直径9厘米的喉管状PVC 软管制作，将PVC 管锯成35厘米长（图5-19），然后用细铁丝绑在树干离地1.3米的高度，对林区赤腹松鼠防治效果好，每公顷4个毒饵站，防治时间在每年3月初。

图5-18　田间投放的瓦筒毒饵站

图5-19　林区投放的喉管状PVC软管毒饵站

四、毒饵站使用技术

（一）放置数量及位置

毒饵站投放数量根据田间害鼠密度多少来确定，密度高时投放数量多，密度低时可减少投放数量。一般农田每亩放置毒饵站1个，将毒饵20 ～ 30克放入其中部，“耳朵”朝下，将铁丝脚架插入田埂，将毒饵站固定于田埂或沟渠边，离地面3厘米左右（图5-20），放置毒饵站2个，害鼠捕获率在10%以上。农舍每户投放毒饵站2个，重点放置在房前屋后、厨房、粮仓、畜禽圈等鼠类经常活动的地方，用砖块等物固定（图5-21）。

图5-20　田间投放的PVC管毒饵站

图5-21　室内投放的竹筒和PVC管毒饵站

（二）投饵量及时间

每个毒饵站放置毒饵20 ～ 30克，放置3天后根据害鼠取食情

况补充毒饵。毒饵站可长期放置，重复使用。投饵时间选择在春秋两季，鼠类防治关键时期，集中统一投放。田间毒饵站投放毒饵见图5-22，鼠类进入毒饵站取食见图5-23。

图5-22　田间毒饵站投放毒饵

图5-23　鼠类进入毒饵站取食

（三）药物选择

禁止使用国家明令禁止的毒鼠强、毒鼠硅、甘氟、氟乙酰胺等剧毒鼠药，选择使用高效、低毒、无二次中毒的抗凝血杀鼠剂，如0.005%溴鼠灵毒饵、0.037 5%杀鼠迷毒饵、0.5%溴敌隆水剂、0.5%溴敌隆母粉等，也可直接选择商品毒饵。

（四）注意事项

由于毒饵站的数量与裸露投放毒饵的投放堆数相比要少一些，因此，在投药期间要检查毒饵的取食情况，如果毒饵的消耗很大，应增加投放次数。如果害鼠的数量特别多，可在使用毒饵站灭鼠前采用裸露投放毒饵进行防治，将害鼠的数量压低后，再使用毒饵站投饵对害鼠进行长期控制。

五、毒饵站灭鼠技术推广应用

贵州省从2003年开始开展毒饵站灭鼠技术试验示范应用，通过在全省建立毒饵站灭鼠示范区（图5-24至图5-31），大力推广应用毒饵站灭鼠技术，有效地保护了鼠类天敌，减轻了对环境的污染，保护了生态环境，示范区无一例人、畜中毒事件发生，取得了明显效果。据调查统计，全省2003—2019年累计完成毒饵站灭鼠推广应用面积1 776.39万亩，防治前鼠密度为5.20%～8.84%，平均鼠密度为6.26%，防治后鼠密度下降为0.90%～1.54%，平均鼠密度为1.14%，大面积防治效果为80.07%～83.48%，平均防治效果为81.80%，平均每亩挽回粮食损失11.49千克，累计挽回粮食损失21 536.23 万千克，累计挽回产值36 450.55 万元，平均每亩防治成本5.50元，累计防治成本9 778.08 万元，累计新增纯收益26 672.46 万元，投入产出（挽回）比为1 ∶ 3.73，取得了显著的经济、社会和生态效益。

图5-24　余庆县毒饵站灭鼠推广应用

图5-25　兴义市毒饵站灭鼠推广应用

图5-26　瓮安县毒饵站灭鼠推广应用

图5-27　都匀市毒饵站灭鼠推广应用

图5-28　安龙县毒饵站灭鼠推广应用

图5-29　播州区毒饵站灭鼠推广应用

图5-30　三都县毒饵站灭鼠推广应用

图5-31　仁怀市毒饵站灭鼠推广应用

毒饵站灭鼠技术作为农区鼠害可持续治理技术之一，已在全国各地得以广泛推广应用，得到了广大人民群众的充分认可。为了进一步加大毒饵站灭鼠技术推广应用力度，提高防治效果，减少鼠害损失，提出如下建议。

一是加大对毒饵站灭鼠技术的宣传和培训力度。鼠害给人类、农业生产带来的重大损失，并不亚于其他自然灾害，面对严峻鼠情，要控制鼠害，关键在于各级政府部门提高认识，加强领导。因此，要切实把农田灭鼠工作作为减灾工作列入各级政府的议事日程，增加灭鼠经费投入，采取举办农民田间学校、灭鼠现场会、印发宣传资料等形式，加大毒饵站灭鼠技术宣传、培训力度，创新灭鼠技术宣传、培训形式，普及和提高农民科学灭鼠水平，提高毒饵站灭鼠技术的到位率，使毒饵站灭鼠技术知识家喻户晓，人人皆知。

二是加大毒饵站投饵装置的研制开发力度。各级植保部门可根据当地资源情况，结合害鼠的种类及生活习性，研制开发具有推广价值的其他材料的新型毒饵站，体现出不同的地方特色，如陶瓷、塑料、纸箱、水泥盒和瓦筒等毒饵站，只要能够达到经济、安全、高效、环保等优点即可。

三是把毒饵站灭鼠技术与农业、生态、物理、生物等防治措施有机结合。农区鼠害可持续治理技术是一项有利于环境保护、有利于鼠类的可持续控制、有利于农业可持续发展的综合措施。农区灭鼠应从确保农业可持续发展来考虑，综合考虑各项防治措施的有机结合和协调。因此，针对农区鼠害的防治，应优先考虑农业防治、生态控制、物理防治、生物防治相结合的综合防治措施，加强鼠情预测预报，建立毒饵站灭鼠示范点和农区鼠害综合防治示范区，合理安全使用杀鼠剂，改进投饵技术，大力开展毒饵站灭鼠技术的推广应用，有效控制鼠害发生，减轻鼠类对农业生产的危害，从而达到将农区鼠害控制在经济允许水平以下，达到经济、社会和生态三大效益的有机统一。

四是交替使用灭鼠药物和毒饵饵料。化学防治是目前防治农业害鼠最有效的方法，但长期在一个环境里使用同一灭鼠药物或毒饵饵料会引起鼠类的警惕而拒食，影响防治效果。因此，在灭鼠工作中，不能长期使用单一灭鼠药物和毒饵饵料，必须与其他杀鼠剂或毒饵饵料交替使用，以利于保持和提高鼠类适口性，达到高效灭鼠的目的。

第六章 TBS灭鼠技术

一、TBS灭鼠技术的含义

TBS即捕鼠器+围栏组成的捕鼠系统（图6-1)，是近年来国际上兴起的一项新型、环保、无害化控制农田害鼠的技术，也称绿色防鼠技术。TBS灭鼠技术是指使用捕鼠器+围栏系统进行鼠类控制的方法，又称围栏陷阱法，是根据鼠类行为，利用栖息地与农作物空间分布格局对害鼠的诱捕系统，其原理是在保持原有生产措施与结构的前提下，不使用杀鼠剂和其他药物，利用鼠类的行为特点，通过捕鼠器与围栏相结合的形式控制农田害鼠的技术措施。

图6-1　TBS灭鼠围栏

TBS灭鼠技术最早源于印度地区的水稻生产，在马来西亚、印度尼西亚、越南等东南亚国家的水稻田中得到广泛应用推广，中国从2007年开始开展TBS灭鼠技术试验探索，先后在新疆、湖南、四川、安徽、吉林、辽宁、青海、天津、河北、北京、河南等20多个省（自治区、直辖市）的小麦田、水稻田、大豆田、马铃薯田、玉米田、蔬菜田等生境类型进行了一系列试验研究和示范推广，取得了明显效果。

为进一步提高贵州省农田害鼠绿色防控技术水平，提高农田害鼠综合治理效果。贵州省从2010年开始，先后在余庆县、岑巩县、三都县、息烽县、瓮安县、新蒲新区、安龙县、大方县、关岭县、都匀市、播州区、凯里市、六枝特区、六盘水市等地开展了TBS灭鼠技术试验示范研究与应用，取得了一定成效，提出了TBS（捕鼠器+围栏）绿色防控技术，明确了TBS安装方式和使用技术，初步形成了一套行之有效的TBS灭鼠技术规范，并在全省农田灭鼠中得到推广应用。

二、TBS灭鼠围栏安装方法

（一）使用材料

1. 捕鼠筒

材料为铝铁皮，厚度为0.5毫米，呈半圆形，筒直径上部25～30厘米，下部30～35厘米，筒高50～55厘米（图6-2、图6-3），底部留4个直径小于0.5 厘米的圆孔，使筒内雨水能够渗出。每个TBS灭鼠围栏需捕鼠筒12个。

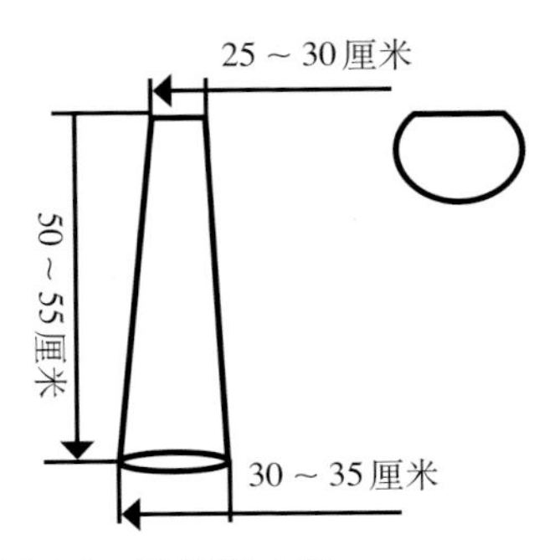

图6-2　捕鼠筒示意

图6-3　捕鼠筒实物

2. 围栏及固定杆

围栏材料为金属筛网，孔径≤1厘米、高度＞50厘米（图6-4），围栏地上部分高度为30～40厘米，地下部分深度大于20厘米。固定杆材料为钢筋、竹竿或木杆，长100厘米，作用是固定围栏，其间距为4～5米（图6-5）。每个TBS灭鼠围栏需围栏60米，固定杆16根。捕鼠筒、围栏及固定杆均由北京市隆化新业卫生杀虫剂有限公司生产。

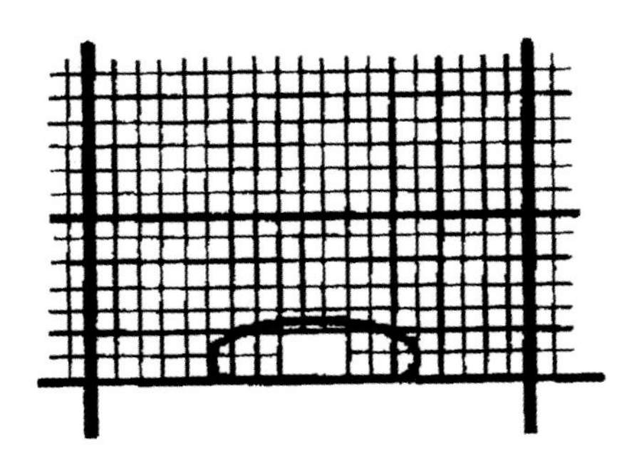

图6-4　捕鼠筒与围栏示意

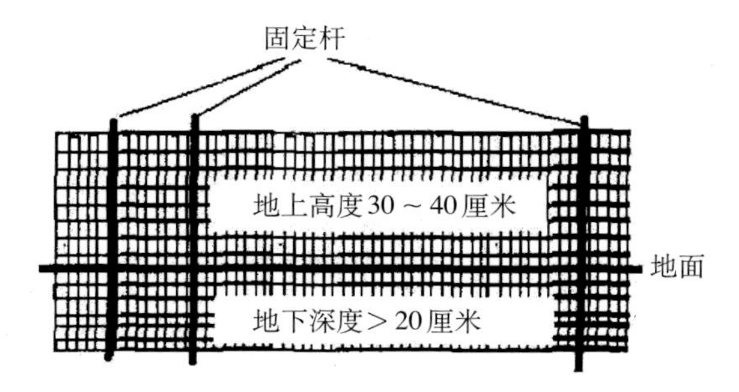

图6-5　围栏与固定杆示意

（二）安装方法

1. 常规封闭式（矩形）TBS灭鼠围栏安装方法

一个整体的常规封闭式（矩形）TBS灭鼠围栏长20米，宽10米，围栏地上部分高度30～40厘米，埋入地下深度＞20厘米，用固定杆固定，沿围栏边缘每间隔4米埋设1个捕鼠筒，围栏长边放置4个捕鼠筒，短边放置2个捕鼠筒，共12个捕鼠筒（图6-6、图6-7）。捕鼠筒直边紧贴围栏，上沿与地面平行，并在围栏上剪一个宽15厘米，高10厘米的方形开口，供鼠类进入。TBS灭鼠围栏捕获鼠类见图6-8。

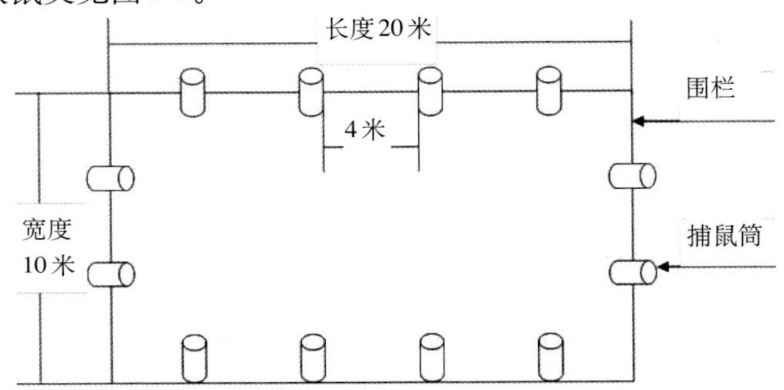

图6-6　常规封闭式（矩形）TBS灭鼠围栏安装示意

图6-7　田间安装常规封闭式（矩形）TBS灭鼠围栏

图6-8　TBS灭鼠围栏捕获鼠类

2. 开放式（直线型）TBS灭鼠围栏安装方法

在田间按直线安装1个60米长的开放式TBS灭鼠围栏，或者按直线安装2个30 米的开放式TBS灭鼠围栏，每5米埋设1个捕鼠筒，共12个捕鼠筒（图6-9、图6-10）。

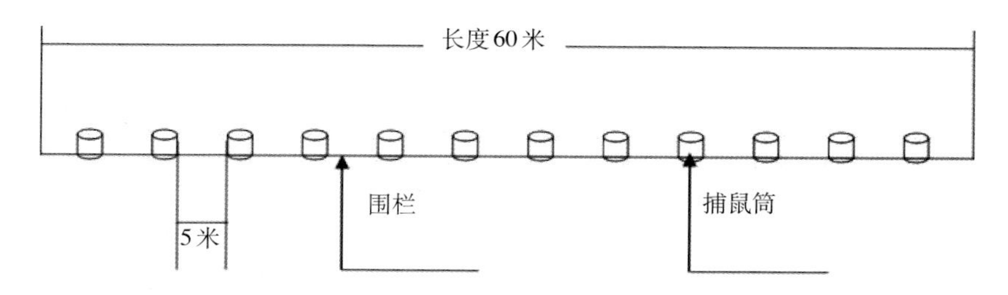

图6-9　开放式（直线型）TBS灭鼠围栏安装示意

图6-10　田间安装开放式（直线型）TBS灭鼠围栏

3. 超大封闭式TBS灭鼠围栏安装方法

可根据田间地形，沿田埂或土边安装多个TBS灭鼠围栏，围栏封闭，长度不限，每5米埋设1个捕鼠筒，捕鼠筒数量不限。使用超大封闭式TBS围栏控制害鼠，不受地域、地形限制，可扩大控制面积，可根据当地实际情况增加围栏长度和捕鼠筒数量，实现对更大范围内害鼠的控制。田间试验安装示意图见图6-11、图6-12。同时，也可使用超大开放式（直线型）TBS围栏灭鼠。

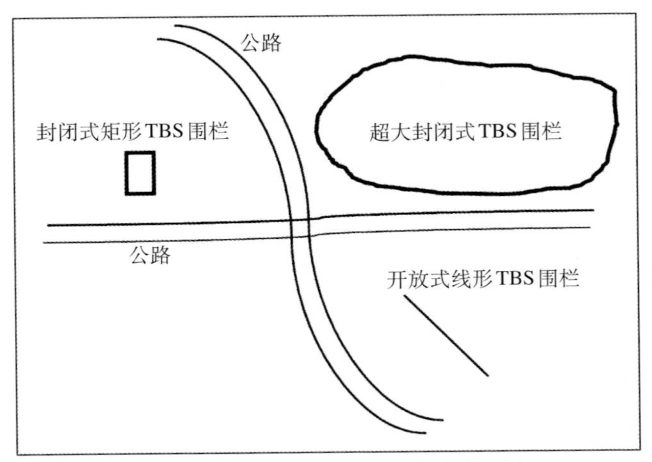

图6-11　超大封闭式TBS围栏安装示意

图6-12　田间安装超大封闭式TBS灭鼠围栏

三、TBS灭鼠围栏使用技术

（一）设置技术

平坝区可选择使用封闭式TBS灭鼠围栏，山区、坡地可选择使用开放式TBS灭鼠围栏。TBS灭鼠围栏内作物早于围栏外作物7 ～ 10天播种，使围栏内作物长势早于围栏外作物长势，有利于诱捕鼠类。农田每300 ～ 500亩安装4个TBS灭鼠围栏，每个相距100米，TBS灭鼠围栏设置数量不限。

（二）维护技术

及时清除TBS灭鼠围栏捕鼠筒内的淤泥、积水和杂物等，及时清除TBS灭鼠围栏捕鼠筒外开口处的杂草，以便鼠类能够顺利进入。发现青蛙掉入捕鼠筒内要及时取出放生，以保护农业害虫天敌，维护生态平衡。

（三）监测技术

TBS灭鼠技术可作鼠情监测，既可获得大量鼠类标本及研究数据，又能减少鼠情监测人员的置夹工作量，弥补夹夜法调查的局限性，特别是对于一些常见鼠种和稀有鼠种，可长期使用TBS灭鼠围栏捕获更多的鼠类标本，摸清当地鼠种，从而解决使用夹夜法捕鼠难的问题。

（四）注意事项

在鼠害防治工作中，设置多少个TBS围栏才具有代表性，怎样安装TBS围栏，才能达到很好的控制效果，各地可根据实际情况确定安装TBS围栏的数量及安装方式，在北方平原地区和南方山区有所不同。

四、TBS灭鼠技术推广应用

贵州省从2010年开始开展了TBS灭鼠技术试验示范研究，先后在余庆县、息烽县、三都县、都匀市等地建立鼠药零投放灭鼠示范村15个（图6-13至图6-22），开展TBS灭鼠技术示范推广应用，共安装TBS灭鼠围栏500余套，完成TBS灭鼠技术推广应用面积25万余亩，每个TBS围栏平均捕鼠60只左右，累计捕获鼠类3万余只，对农田害鼠的控制效果为43.33%～63.80%，平均控制效果为56.77%，减少鼠类对农作物的危害，避免了使用杀鼠剂对环境的污染，提升了鼠类无害化控制技术，实现了灭鼠技术向安全、绿色、无害化方向迈进。

图6-13　余庆县TBS灭鼠示范应用

图6-14　三都县TBS灭鼠示范应用

图6-15　息烽县TBS灭鼠示范应用

图6-16　瓮安县TBS灭鼠示范应用

图6-17　安龙县TBS灭鼠示范应用

图6-18　岑巩县TBS灭鼠示范应用

图6-19　新蒲新区TBS灭鼠示范应用

图6-20　播州区TBS灭鼠示范应用

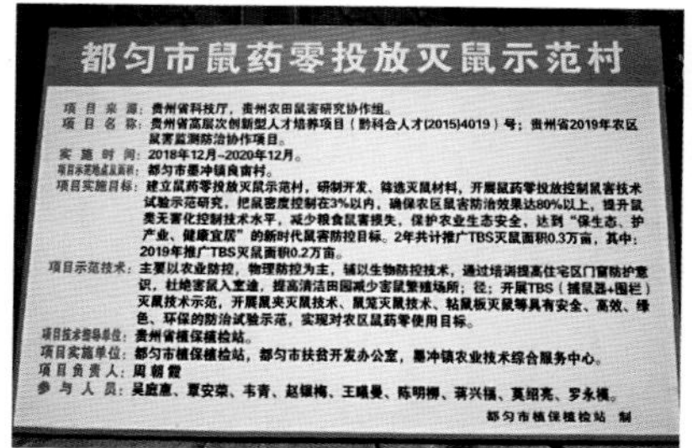

图6-21　都匀市TBS灭鼠示范应用

图6-22　大方县TBS灭鼠示范应用

TBS灭鼠技术的特点是不使用杀鼠剂就可实现对农田害鼠的可持续控制，具有安全、高效、绿色、环保等优点，对人、畜、禽和鼠类天敌安全，无环境污染，成本低，能维护农区的生态平衡。TBS灭鼠技术作为一种新兴的农田害鼠绿色防控技术，在我国未来农田害鼠防治中具有广阔的应用前景，特别是在经济作物生产区使用TBS技术灭鼠，更具有经济价值。为了进一步加大TBS灭鼠技术推广应用力度，扩大鼠药零投放灭鼠绿色防控示范应用覆盖面，提出如下建议。

一是加强TBS灭鼠技术经费投入，提高农田害鼠绿色防控建设能力。各级政府要加强灭鼠经费投入，并列入财政预算，特别是加大TBS灭鼠技术经费投入力度，用于开展鼠情监测和绿色防控技术灭鼠试验示范应用工作，不断提高农田害鼠绿色防控建设能力，实现农田害鼠的可持续治理，有效控制农田害鼠的发生危害，减少鼠害损失，确保农业增产增收。

二是加强TBS灭鼠技术示范区建立，提高农田害鼠绿色防控覆盖率。各地要围绕产业结构调整和鼠害发生情况，建立TBS灭鼠技术示范区，建立鼠药零投放灭鼠示范村，大力宣传培训和推广应用TBS灭鼠技术，强化灭鼠示范带动作用，不断提高农田害鼠绿色防控覆盖率，减少鼠药使用量，保护生态环境，推动农药零增长行动。

三是加强TBS灭鼠技术试验研究，提高农田害鼠绿色防控技术水平。各级植保部门要深入开展TBS不同安装方式及安装密度、不同作物及不同区域使用技术、TBS控制效果及经济效益评估方法、TBS设置大小及控制辐射范围、TBS使用材料研制开发以及在鼠情监测预报中的作用等技术标准体系的试验示范研究，不断提高农田害鼠绿色防控技术水平，进一步集成优化农田害鼠绿色防控技术，丰富完善TBS灭鼠技术规范，使其在农田害鼠防治、保护粮食生产和群众身体健康中发挥更大的作用。

主要参考文献

艾祯仙，赵安黔，白明琼，等，2018. 三都县农田黄胸鼠的种群数量及繁殖特征[J]. 贵州农业科学，46(9): 71-74.

艾祯仙，周朝霞，白明琼，等，2012. 贵州三都县农田褐家鼠发生规律与预报模型[J]. 贵州农业科学，40(9): 140-142.

白智江，杨再学，李大庆，等，2017. 贵州余庆水稻田发现一例黑线姬鼠巢穴[J]. 四川动物，36(2): 215-216.

郭永旺，施大钊，2017. 中国农业鼠害防控技术培训指南[M]. 北京：中国农业出版社.

金星，杨再学，刘晋，等，2009. 贵州省毒饵站灭鼠技术的研究与应用[J]. 贵州农业科学，37(9): 107-112.

金星，杨再学，2006. 农区灭鼠100问[M]. 贵阳：贵州民族出版社.

雷邦海，1993. 岑巩县黑线姬鼠的生态初步观察[J]. 动物学杂志，28(3): 32-35.

李纯矩，1989. 贵州农田鼠种组成及黑线姬鼠的地理分布[J]. 中国鼠类防治杂志，5(2): 99-101.

李恩涛，杨再学，周全忠，等，2013. 瓮安县黑线姬鼠种群繁殖参数变化规律[J]. 山地农业生物学报，32(5): 393-396.

李恩涛，周全忠，李跃辉，等，2014. 瓮安县褐家鼠的种群生态特征[J]. 贵州农业科学，42(1): 102-104.

李梅，潘世昌，2010. 息烽县褐家鼠形态特征、种群数量动态及预测研究[J]. 山地农业生物学报，29(2): 119-123.

李梅，潘世昌，杨再学，2015. 息烽县黑线姬鼠种群繁殖特征变化研究[J]. 中国植保导刊，35(11): 49-51.

李盼峰，苟兴政，邵高华，等，2015. 毒饵站防治赤腹松鼠危害效果研究[J]. 四川动物，34(6): 916-920.

李子忠,2011.贵州野生动物名录[M].贵阳:贵州科学技术出版社.
留青,欧阳普,韦应敏,等,2017.安龙县黄胸鼠种群数量及繁殖特征变化研究[J].现代农业科技(20):107-108,112.
柳枢,马壮行,张凤敏,等,1988.鼠害防治大全[M].北京:北京出版社.
卢浩泉,马勇,赵桂芝,1988.害鼠的分类测报及防治[M].北京:农业出版社.
吕国强,2000.农村实用灭鼠方法[M].郑州:河南科学技术出版社.
罗蓉,谢家骅,辜永河,等,1993.贵州兽类志[M].贵阳:贵州科学技术出版社.
马仁华,文炳智,1998.雷山县黑线姬鼠种群的生态观察[J].山地农业生物学报,17(2):121-122.
潘会,周显明,杨全怀,等,2013.关岭县黄胸鼠种群数量及繁殖特征变化规律研究[J].现代农业科技(7):276-277.
潘世昌,杨再学,2007.黔中地区小家鼠种群繁殖特征[J].西南农业学报,20(1):139-142.
潘世昌,李梅,2016.黄胸鼠种群繁殖特征变化规律[J].西南农业学报,29(增刊):164-166.
潘世昌,李梅,2016.息烽县农田黑线姬鼠种群数量的发生动态[J].贵州农业科学,44(10):43-45.
潘世昌,李梅,2018.息烽县住宅黄胸鼠种群数量监测[J].山地农业生物学报,36(2):70-73.
潘世昌,李梅,宋致书,等,2015.不同安装方式TBS围栏控制农田害鼠效果比较[J].中国植保导刊,35(5):27-30.
潘世昌,杨秀群,归贤祥,等,2003.小家鼠种群年龄的研究[J].西南农业学报,31(2):16-19.
秦治勇,白智江,李大庆,等,2019.超大封闭式TBS围栏陷阱控制害鼠可行性研究[J].中国植保导刊,39(4):63-65,12.
谈孝凤,杨再学,金星,2014.贵州省害鼠造成农户储粮损失情况调查[J].中国植保导刊,34(11):28-29.
王勇,张美文,李波,2003.鼠害防治实用技术手册[M].北京:金盾出版社.
王昭孝,吕太富,廖子书,等,1988.贵州省农耕区和住宅区鼠类调查[J].中国鼠类防治杂志,4(3):205-207.

杨德辉，杨再学，留青，等，2018. 贵州省安龙县褐家鼠种群数量及繁殖特征变化分析[J]. 耕作与栽培 (5): 5-7.

杨再学，2001. 鼠害的发生与可持续治理[M]. 贵阳: 贵州民族出版社.

杨再学，2004. 常用捕鼠器械的种类及使用方法[J]. 农技服务 (9): 49-50.

杨再学，2009. 农村实用灭鼠方法[M]. 贵阳: 贵州科学技术出版社.

杨再学，2009. 中国黑线姬鼠及其防治对策[M]. 贵阳: 贵州科学技术出版社.

杨再学，郭永旺，金星，等，2012. TBS技术监测及控制农田害鼠效果初报[J]. 山地农业生物学报，31(4): 301-306.

杨再学，郭永旺，王登，等，2016. 贵州地区黑线姬鼠种群繁殖特征[J]. 动物学杂志，51(6): 939-948.

杨再学，金星，郭永旺，等，2010. 高山姬鼠种群繁殖参数的变化[J]. 中国农学通报，26(1): 189-194.

杨再学，金星，郭永旺，等，2010. 高山姬鼠种群数量动态及预测预报模型[J]. 生态学报，30(13): 3545-3552.

杨再学，金星，郭永旺，等，2015. 贵州省不同地区黑线姬鼠种群数量动态分析[J]. 山地农业生物学报，34(1): 13-17, 27.

杨再学，金星，刘晋，等，2011. 贵州省1984—2010年农区鼠情监测结果分析[J]. 农学学报，1(7): 11-17.

杨再学，龙贵兴，金星，等，2013. 四川短尾鼩的种群数量动态及繁殖特征变化[J]. 西南农业学报，26(4): 1493-1497.

杨再学，潘世昌，金星，2006. 黔中地区小家鼠种群数量动态及预测预报模型[J]. 植物保护学报，33(4): 428-432.

杨再学，松会武，雷邦海，1993. 贵州省农田害鼠经济防治指标的研究[J]. 贵州农业科学 (3): 32-28.

杨再学，谈孝凤，2018. 贵州省TBS灭鼠技术规范及应用前景[J]. 山地农业生物学报，37(3): 56-61.

杨再学，郑元利，郭永旺，等，2009. 黑腹绒鼠的形态及其种群生态特征[J]. 山地农业生物学报，28(3): 218-224.

杨再学，郑元利，金星，2007. 黑线姬鼠(*Apodemus agrarius*)的种群繁殖参数及其地理分异特征[J]. 生态学报，27(6): 2425-2434.

杨再学，郑元利，潘世昌，等，2009. 褐家鼠的年龄鉴定及种群年龄组成[J]. 中国农学通报，25(14): 218-223.

杨再学，周朝霞，潘世昌，等，2010. 应用胴体重指标鉴定黄胸鼠的年龄[J]. 贵州农业科学，38(3): 110-113.

尹文书，2018. 息烽县四川短尾鼩种群生态特征初步研究[J]. 山地农业生物学报，37(4): 85-88.

赵芳，龙贵兴，李蔚传，等，2015. 大方县褐家鼠种群数量动态及繁殖特征[J]. 贵州农业科学，43(8): 114-117.

赵芳，龙贵兴，杨再学，等，2015. 黔西北地区农田黑线姬鼠种群数量动态及繁殖特征变化[J]. 亚热带农业研究，11(1): 46-50.

赵桂芝，施大钊，1994. 中国鼠害防治[M]. 北京：中国农业出版社.

郑元利，杨再学，2008. 毒饵站种类及其使用技术[J]. 农技服务，25(8): 69, 108.

郑元利，杨再学，胡支先，2009. 余庆县1986—2008年褐家鼠种群动态及繁殖特征分析[J]. 山地农业生物学报，28(4): 294-297.

周朝霞，艾祯仙，陆小欢，等，2009. 三都县褐家鼠种群数量动态与繁殖规律[J]. 贵州农业科学，37(7): 83-85.

朱恩林，2000. 农村鼠害防治手册[M]. 北京：中国农业出版社.

图书在版编目（CIP）数据

农业害鼠防治技术/杨再学，谈孝凤主编；—北京：中国农业出版社，2020.6（2021.3重印）

ISBN 978-7-109-26757-2

Ⅰ.①农… Ⅱ.①杨…②谈… Ⅲ.①作物-鼠害-防治 Ⅳ.①S443

中国版本图书馆CIP数据核字（2020）第054448号

中国农业出版社出版

地址：北京市朝阳区麦子店街18号楼

邮编：100125

责任编辑：阎莎莎

版式设计：史鑫宇　　责任校对：赵　硕

印刷：北京通州皇家印刷厂

版次：2020年6月第1版

印次：2021年3月北京第2次印刷

发行：新华书店北京发行所

开本：880mm × 1230mm　1/32

印张：3.25

字数：80千字

定价：29.00元